KB021561

미래는 오지 않는다

미래는 오지 않는다
과학기술은 어떻게 미래를 독점하는가

제1판 제1쇄 2019년 8월 12일
제1판 제6쇄 2022년 10월 13일

지은이 전치형 홍성욱
펴낸이 이광호
주간 이근혜
편집 최대연 김현주
펴낸곳 ㈜문학과지성사
등록번호 제1993-000098호
주소 04034 서울 마포구 잔다리로7길 18(서교동 377-20)
전화 02)338-7224
팩스 02)323-4180(편집) 02)338-7221(영업)
전자우편 moonji@moonji.com
홈페이지 www.moonji.com

ISBN 978-89-320-3559-8 03500

이 도서의 국립중앙도서관 출판예정도서목록(CIP)은 서지정보유통지원시스템 홈페이지(http://seoji.nl.go.kr)와 국가자료공동목록시스템(http://www.nl.go.kr/kolisnet)에서 이용하실 수 있습니다. (CIP제어번호: CIP2019028088)

미래는 오지 않는다

과학기술은 어떻게
미래를 독점하는가

전치형
홍성욱
지음

문학과지성사

미래는 과연 오는가

미래는 오는 것일까요, 오지 않는 것일까요. 미래는 아직 오지 않았지만 결국은 오고야 마는 것일까요, 아니면 온다는 말은 많지만 결코 온 적이 없는 것일까요. 미래라는 한자어가 '아닐 미'(未)와 '올 래'(來)의 결합이라는 점을 생각하면, 미래는 앞으로 오는 것일 수도 있고 오지 않는 것일 수도 있습니다. 『미래는 오지 않는다』는 이와 같은 미래의 모호함에 대한 책입니다. 우리는 미래가 과연 오는 것인지, 만약 온다면 지금 생각하는 그런 모습과 방식으로 오는 것인지 묻고자 합니다.

2018년 10월 미국의 기술 전문 잡지 『와이어드*Wired*』가 창간 25주년을 맞아 게재한 글에서 조지워싱턴 대학 교수 데이비드 카프David Karpf는 "왜 미래는 절대 도착하지 않는가"라고 물었습니다. 그는 25년 동안 매월 발간된 잡지의 모든 호를 다 꺼내 읽으면서 『와이어드』가 그동안 제시했던 미래 전망들을 분석했습니다. 새로운 테크놀로지의 강력한 힘이 정부, 언론, 교육 등 기존의 세계를 지탱해온 제도들을 무너뜨리고 전혀 다른 세계를 창조하리라는 『와이어드』의 낙관론은 상당 부분 선부른 기대였습니다. 테크놀로지는 모두에게 번영과 행복을 가져다주지도 않았고, 자유롭고 합리적인 소통에 기반한 정치를 만들어내지도 않았고, 지구 전체에 닥친 생존의 위기를 해결해주지도 못했습니다. 언제나 오고 있다던 테크놀로지의 미래, 혹은 미래의 테크놀로지는 우리가 기다리던 모습 그대로 오지 않았습니다. 분명 테크놀로지도 바뀌고 세상도 바뀌었지만 미래는 예언대로 도착하지 않았습니다.

어쩌면 미래는 계속해서 유예되고 있다고 말할 수도 있습니다. 처음에는 무척이나 자신 있게 제시되었던 미래는 약속된 시점이 가까워지면서 조금씩 뒤로 후퇴합니다. 2019년 7월 17일 자 『뉴욕 타임스*The New York Times*』 온라인판 기사에 따르면 그동안 인간의 개입 없는 완전 자율주행을 하는 자동차가 수년 내에 거리를 돌아다니게 될 것이라고 공언해온 자동차 업계가 최근 들어 그 시점을 훨씬 뒤로 잡고 있다고 합니다. 『뉴욕 타임스』 기사는 "우리는 자율주행 자동차의 도래를 과대평가했다"는 자동차 회사 포드의 경영자 짐 해킷Jim Hackett의 말을 인용했습니다. 연구소나 시험장이 아닌 실제 세계에서 완전 자율주행이 실현될 가능성에 대한 회의적인 의견도 적지 않습니다. 자동차 회사 테슬라의 CEO 일론 머스크Elon Musk만이 당장 내년에라도 자율주행 차를 길거리에서 쉽게 볼 수 있으리라는 낙관적 태도를 유지하고 있습니다.

완전 자율주행을 실현하는 데 가장 큰 난관은 인간 행동에 대한 예측이라고 합니다. 운전자나 보행자가 다음 순간에 어떤 결정을 하고 어떻게 행동할지 예측하는 것이 자율주행 차에게는 너무나 어렵다는 것입니다. 운전을 오래한 사람이라면 혹은 길거리에서 오랜 시간을 보낸 사람이라면 체감하고 있을 이 사실을 자율주행 차 업계에서는 비교적 천천히 알아가고 있는 것 같습니다. 도로를 공유하게 될 다른 존재들을 충분히 이해하지 못한다면 자율주행 차의 안전은 담보할 수 없습니다. 결국 기술의 앞날에 대한 예측은 실험실 밖 인간과 세상에 대한 충분한 이해 없이는 항상 불완전하고 불확실한 것이 됩니다. 연구소 안에서, 업계 안에서 볼 때는 금방 손에 잡힐 것 같던 미래는 밖으로 조금만 나가보면 그 형태를 흐리며 뒤로 물러납니다.

이 책에서 우리는 미래 예측이 틀리는 일이 많다는 점

을 지적하려는 것이 아닙니다. 예측했던 미래가 제때 오지 않는다는 불평을 하려는 것도 아닙니다. 이 책은 우리가 미래에 대해 이야기하는 방식을 분석 대상으로 삼고 있습니다. '미래'라는 단어를 한자 뜻대로 풀어 쓴 "미래는 오지 않는다"라는 이 책의 제목은 요즘 미래 담론에서 흔히 보이는 확신, 즉 미래를 곧 일어나고야 말 객관적 사건으로 보는 시각에 문제를 제기합니다. 우리는 미래의 불확실성과 주관성을 강조합니다. 동시에 이 책은 미래를 하나의 담론, 즉 해석과 비판과 논쟁이 필요한 대상으로 간주합니다. 미래에 대한 예측들은 데이터만이 아니라 세계관과 이념을 담고 있으며, 서로 주도권을 놓고 경합합니다. 그러므로 각종 미래상에 대한 꼼꼼한 독해가 필요합니다.

『미래는 오지 않는다』는 우선 우리의 미래 담론이 과학기술 중심적이라는 사실에 주목합니다. 오늘날의 미래 담론은 과학기술이 거의 독점하고 있습니다. 과학기술의 앞날에 대한 예측이 우리 사회의 미래에 대한 예측과 동일시됩니다. 물론 미래를 궁금해하는 사람들이 과학기술의 현황과 그 발전 전망을 따져보는 것은 이해할 만한 일입니다. 과거든 현재든 미래든 우리의 삶은 과학기술과 밀접하게 연결되어 있으니까요. 하지만 이때 우리가 찾는 것이 항상 '첨단' 과학기술, 지금은 존재하지 않는 과학기술이라는 사실은 당연하지 않습니다. 왜 우리는 30년 후, 50년 후 세상을 상상하면서 하늘을 나는 자동차, 혈관 속을 돌아다니는 로봇, 화성에 건설한 식민지 같은 것을 떠올릴까요? 반면 왜 우리는 깨끗하고 효율적으로 관리되는 상하수도, 화재나 지진에 조금 더 안전한 건물, 전 인류에게 싸고 안전하게 공급되는 백신 같은 것으로 가득 찬 미래를 상상하지 않을까요? 우리는 정부, 산업계, 학계, 언론에서 내놓는 공식 미래 전망에 포함되는 과학기술과 그렇지 못하는 과학기술이 어떤 것인지 따져봐야 합니다.

『미래는 오지 않는다』는 또한 우리가 과학기술의 성공과 실패를 예측하는 데 그다지 유능하지 않다는 사실을 지적합니다. 우리의 미래 예측이 과학기술의 성패에 대한 예측에 크게 의존하고 있음을 고려하면, 이는 곧 우리가 미래에 대해 말할 때 훨씬 더 신중할 필요가 있다는 것을 뜻합니다. 과학기술은 그 역사를 살펴보면 사람들이 예상하지 못했던 경로와 방식으로 성공하거나, 미처 고려하지 못했던 이유 때문에 실패합니다. 놀랄 만큼 짧은 시간 동안 성공했다가 갑자기 사라지기도 하고, 놀랄 만큼 오랫동안 사라지지 않고 사회 속에 머무르기도 합니다. 원래 의도와 다른 방향으로 변형되는 일도 부지기수입니다. 그러므로 과학기술은, 그리고 미래는, 우리가 지금 생각하는 그런 방식으로 오지 않을 것입니다. 그렇다면 우리에게 필요한 것은 확신에 찬 목소리로 특정 기술의 성공과 그에 따른 사회의 변화를 예언하는 대신 과학기술과 사회 모두의 우연성과 역동성을 고려하면서 변화에 대응하려는 태도입니다.

"미래는 오지 않는다"라는 선언을 통해 마지막으로 강조하고 싶은 것은 우리가 미래에 대해 말할 때 사실 우리는 현재를 놓고 다투고 있다는 점입니다. 앞서 언급했듯이 미래 예측은 하나의 담론입니다. 이는 미래 예측이 비과학적인 활동이라는 뜻이 아닙니다. 미래를 예측하려는 시도는 단지 미래만이 아니라 현재를 대상으로 하는 학술적, 상업적, 정치적 행위라는 뜻입니다. 지배적인 미래 담론을 내놓는 집단은 그런 미래로 나아가기 위한 현재의 의사결정과 자원 배분에 영향력을 행사하게 됩니다. 미래 담론에 대한 해석과 비판이 필요한 것은 미래 예측의 적중률이 낮기 때문이 아니라 많은 미래 예측이 현재에 대한 통제권을 지향하고 있기 때문입니다. 우리는 현재의 미래 담론에서 어떤 미래가 힘을 얻고 있고 어떤 미래가 배제되고 있는지 살펴볼 필요가 있습니다. 미래는 정치의 대상이자 결과입니다.

우리는 과학기술의 앞날에 대한 예측이 중립적일 수

없다는 입장을 취합니다. 마찬가지로 미래에 대한 예측도 중립적이지 않습니다. 미래를 예측하려는 사람과 집단은 모두 특정한 종류의 과학기술과 특정한 형태의 사회를 옹호하고 그러한 방향의 변화를 만들어내는 데 영향을 미칩니다. 우리 모두가 미래 예측 활동에 뛰어들 수는 없지만, 널리 생산되고 유통되는 미래상이 어떤 세계를 지향하고 어떤 가치를 설파하는지 주의 깊게 살펴보는 일은 할 수 있습니다. 복잡다단한 오늘날의 현실과 유리되지 않은 미래상, 더 인간적인 얼굴을 가진 미래상을 내놓도록 요구하는 것도 가능합니다. 그렇게 함으로써 우리는 미래를 일부 전문가가 주도하는 예측의 영역에서 폭넓은 사회적 논쟁의 영역으로 옮겨 올 수 있습니다. 미래는 우리가 예측한 대로 오지 않겠지만, 미래에 대한 더 나은 논쟁은 현재를 더 낫게 바꾸는 데 기여할 것입니다.

이 책은 저자 두 사람이 '문지문화원 사이'에서 열었던 "과학기술과 미래사회" 강의에서 출발했습니다. '문지문화원 사이' 강의에 참석하셨던 분들 덕분에 책을 기획할 수 있었습니다. 원고를 읽고 독자의 입장에서 논평을 해준 서울대학교 자유전공학부의 이지현, 원고 정리를 도와준 서울대학교 고고미술사학과 대학원의 이지혜, 자유전공학부의 황정하 학생에게 감사의 말을 전합니다. 카이스트 대학원 수업 '과학기술미래연구' 수강생들과 함께 했던 토론에서 많은 아이디어를 얻었다는 점도 밝혀둡니다. 마지막으로 강의 내용을 대폭 수정하여 책으로 엮어내는 과정을 인내심을 가지고 끝까지 이끌어주신 문학과지성사 편집부의 최대연, 김현주 님께 감사드립니다.

차례

1강

미래 예측의 허와 실

인간은 아주 먼 과거부터 미래를 궁금해하고 과연 미래는 어떤 모습일까 끊임없이 상상해왔습니다. 미래 예측가들이 숱하게 등장해 허무맹랑해 보이기도 하고 그럴듯해 보이기도 한 많은 예측을 펼쳐왔지요. 그중 어떤 것은 실현되었고 어떤 것은 아직도 미지의 영역에 놓여 있습니다. 이제 질문을 할 때입니다. 우리는 왜 그토록 미래에 관심을 갖고 미래를 그려보고 싶어 할까요? 미래 예측에 관한 이야기를 본격적으로 펼치기에 앞서, 우선은 미래 예측 자체의 허와 실을 짚어보도록 하겠습니다. 이제부터 할 이야기는 미래 예측에 대한 조금은 부정적이고 냉소적인 얘기들이 될 수도 있습니다.

과거의 미래 예측은 옳았는가

현재, 과거, 미래를 한 문장에 담은 "오늘은 어제의 내일이다Today is Yesterday's Tomorrow"라는 표현이 있죠. 항상 내일이 궁금한데, 오늘이 바로 어제의 내일이라는 것입니다. "현재는 과거의 미래다"라고 할 수도 있겠습니다. 과거에 생각한 미래가 어땠는지 반추해보면 지금의 현재와 얼마나 차이가 있는지 생각해볼 수 있습니다. 반대로, 우리가 생각하는 미래가 진짜 미래와 얼마나 차이가 있을까 예상할 수도 있습니다.

『어제의 내일』[1]이라는 책이 있습니다. 이 책에는 1930년대에서 1950년대 사이에 사람들이 생각한 미래상이 잔뜩 그려져 있습니다. 20세기 말이나 21세기 초의 자동차, 비행기, 도시 등이요. 20세기 중엽에 사람들이 생각했던 미래 중 하나는 바다에 식민지를 건설하리라는 것이었습니다. 인구가 폭발하고 먹을 게 부족하니까 바다의 무궁무진한 자원을 개발하려 한 것입니다. 바다에 도시를 건설한다는 얘기는 지금도 미래사회 전망에서 종종 등장합니다.

1 Joseph J. Corn & Brian Horrigan, *Yesterday's Tomorrows: Past Visions of the American Future*, Baltimore: Johns Hopkins University Press, 1996.

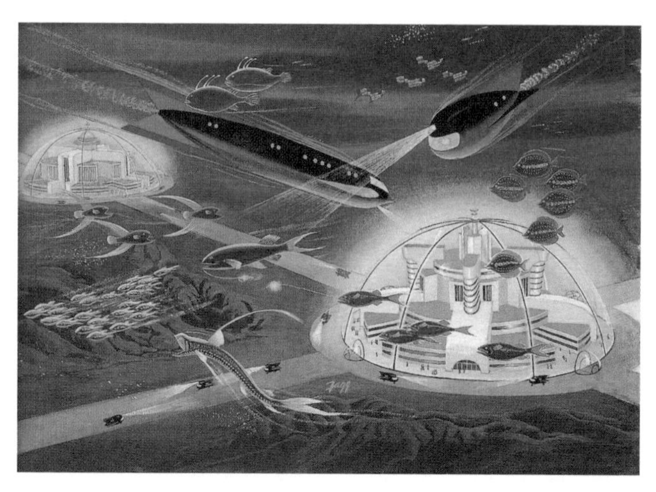

그림 1-1　　1954년에 상상한 해저 도시의 모습. 당시 사람들은 20세기 말에 바닷속은 물론 화성에도 도시를 건설하리라고 생각했습니다.

그림 1-2　　1954년 크라이슬러 엔지니어가 예측한 미래의 자동차. 태양광과 핵에너지로 동력을 얻으며 평균 속도는 시속 200킬로미터는 되리라고 생각했습니다.

그렇지만 과거에 예측한 미래는 지금의 현재와 얼마나 다르가요?

자동차에 대한 생각 역시 달랐습니다. 그때는 미래의 자동차가 소형 원자로에 의해 움직일 것이라고 생각했습니다. 영화 「아이언맨Iron Man」을 보면 작은 원자로에서 동력을 얻는 장면이 나옵니다. 그런 작은 형태의 원자력이 가능하다면 자동차, 비행기는 물론 가정집의 난방에도 도움이 되겠지요. 차들은 태양력과 원자력을 동력 삼아 시속 200킬로미터로 거리를 질주할 테고요. 그렇지만 과거나 지금이나 시내를 달리는 자동차 속도는 여전히 60킬로미터 정도입니다. 이 예측은 많이 빗나갔다고 하겠습니다.[2]

1925년 시점에서 상상한 미래 뉴욕 시의 모습을 보시죠. 빽빽한 고층건물 위로 비행기들이 자유롭게 날아다니고 있지요. 사람들이 미래 도시의 모습으로 많이 생각했던 것 중 하나가, 건물들이 다닥다닥 붙어서 거대한 복합단지를 이루고, 학교와 집은 물론 쇼핑과 운동, 여가 등 모든 것을 그 안에서 해결한다는 것이었습니다.

제가 이 그림을 보면서 던지고 싶은 질문은, 이 미래

2 paleofuture.gizmodo.com이라는 사이트에서는 1870년대부터 사람들이 예상한 미래에 대한 많은 이미지들을 볼 수 있습니다. 더 많은 과거의 미래 예측들은 이 사이트를 참조.

그림 1-3 1925년에 상상한 미래의 뉴욕 시.

가 얼마나 실현되었는가 하는 것입니다. 한번 생각해보십시오. 어떤 독자들은 이런 미래 도시는 우리가 지금 알고 있는 거대 도시들과 딴판이라고 생각할 겁니다. 그런데 반대로 이 정도는 지금의 뉴욕이나 상하이와 비슷하다고 생각할 사람도 있을 겁니다. 이 정도의 미래는 100퍼센트는 아니지만 어느 정도는 실현됐다고 생각할 수도 있다는 것이지요.[3]

1950년대에 상상한 미래의 교육은 어땠을까요? 그때 사람들은 미래 교육의 모습으로 푸시 버튼push button을 누르면 교육 내용이 학생에게 전달되는 일종의 원격교육을 상상했습니다. 역시 마찬가지로, 이런 교육이 실현됐다고 볼 수 있는가를 생각해보십시오. 현재 21세기 초엽의 시점에서 이런 교육은 지금의 학교 시스템과 매우 다르다고 생각하는 사람이 있을 겁니다. 아직도 많은 교실에서는 선생님이 칠판이나 화이트보드에 글을 써가면서 학생들을 가르칩니다. 한편, 원격교육이나 학원 강의도 다 스마트 기기를 이용해 인터넷으로 볼 수 있게 되었으니 지금의 교육이 이런 과거의 상상과 비슷하다고 보는 사람도 있겠죠. 이런 사람들은 과거 사람들이 미래를 내다보는 혜안이 있

3 미래 예측의 어려움에 대한 논평은 홍성욱, 「과거에서 엿보는 미래 예측」, 『자연과학』 제25호, 서울대학교 자연과학대학, 2008, pp. 71~85 참조.

었다고 생각할 겁니다.

제가 말씀드리고 싶은 것은, 과거에 예측한 미래가 지금 실현됐는가라는 질문에 대한 '정답'을 찾기가 생각보다 쉽지 않다는 것입니다. 어떤 사람들은 실현됐다, 어떤 사람들은 아직 멀었다, 이렇게 의견이 갈리는 것이지요.

1950년대에는 2000년이 되면 지구인이 화성에 식민지를 건설하리라고 상상했습니다. 이건 아직 먼 일 같습니다. 분명히 아직은 실현되지 않았지요. 그런데 지난 2016년 오바마Barack Obama 미국 대통령은 2030년까지 화성에 사람이 살 수 있게 하겠다고 선언했고, 그에 발맞추어 미국 항공우주국NASA은 화성에 사람을 보내는 우주선을 개

그림 1-4 1950년대에 상상한 미래의 교육.

발하는 데 총력을 기울이고 있습니다. 일론 머스크 같은 부자 사업가는 이 일을 자기 회사에서 하겠다고 호언했고요. 만약 2030년에 화성에 식민지가 건설된다면, 1950년의 예측이 실현되었다고 할 수 있을까요? 30년이라는 시간 정도는 오차 범위라고 할 수 있을까요? 2050년이라면요? 2100년이면?

아마 세기말을 살았던 독자들은 Y2K 신드롬을 기억할 겁니다. 처음에 컴퓨터가 만들어질 때는 연도를 62년, 74년처럼 두 자리만 적는 방식으로 프로그래밍되어 있었습니다. 그런데 1999년은 99로 표시하면 되지만, 그 뒤에 오는 2000년을 표시할 방법이 없었지요. 처음 컴퓨터를 만들 때 2000년대가 열리는 것까지는 생각하지 못했기 때문이지요. 그래서 1990년대가 되자 세상의 모든 컴퓨터들이 1999년 12월 31일에서 2000년 1월 1일로 넘어가는 순간에 오작동할 거라는 예측이 나왔습니다. 2000년으로 넘어가는 순간에 금융 시스템도 정지하고 비행기도 추락하고 모든 커뮤니케이션 프로그램이 폭삭 주저앉으면서 대재앙이 온다는 예언이었습니다. 무시무시한 예언이었지요.

그럼 이것이 실현되었나요? 그렇지 않았습니다. 그런데 이 예언을 믿은 사람들은 이렇게 변명합니다. 이런 예언 덕분에 사람들이 대비를 많이 해서 재앙이 일어나지 않았다고요. 가능한 모든 컴퓨터 프로그램을 다 손을 봐서, 연도를 두 자리가 아니라 네 자리로 바꾸었기 때문이라는 겁니다. 이렇게 보면 예언은 실현되지 않았지만, 이런 예언 덕분에 대재앙을 막은 셈이지요. 사태가 이랬다면 예언이 틀렸다고 하기도 힘들 것입니다.

여기에서 미래 예측의 한 가지 흥미로운 특성이 나타납니다. 미래의 재앙을 예측한 사람은 예측이 그대로 들어맞으면 그 예측이 선견지명을 가졌기 때문이고, 예측이 들어맞지 않으면 그에 대비를 해서 그랬다고 둘러댈 수 있다는 것이지요. 물론 미래 예측이 점을 치는 것처럼 허황된 것은 아니지만 점쟁이들도 비슷한 얘기를 합니다. 액운이 있다는 점이 들어맞으면 용해서 그런 거고, 들어맞지 않으면 자기가 준 부적이 용해서 비껴간 것이라고 하지요. 부적을 썼는데도 재앙이 닥치면, 그때는 싼 부적을 써서 그랬다고 하지요. 더 비싸고 강력한 굿을 했으면 재앙을 막을 수 있었다고 하면서요.

20세기 말 당시 Y2K로 세상이 시끄러울 때, "우리는 Y2K의 파국을 피해 갈 것이다"라는 예측이 있었습니다. 이 예측은 열심히 노력하고 대비한 결과 결국 실현되었지요. 우리는 종종 부모가 자식의 성공을 믿고 잘하는 것을 찾아내서 계속 격려를 보내준 결과 자식이 성공을 했다는 얘기를 접합니다. 반대로 내가 일을 맡긴 사람을 믿지 못하면 문제점만 보이고, 이런 문제를 계속 지적하다 보면 일을 하는 사람이 초조해지고 의욕도 떨어져서 결국 맡은 일을 잘 해내지 못하는 결과를 낳는 경우도 볼 수 있습니다. 나는 내 예측이 맞았다고 생각하겠지요. 이런 예측을 사회과학에서는 '자기충족적 예언self-fulfilling prophecy'이라고 합니다.

허먼 칸Herman Kahn이라는 미국의 전략가가 있습니다. 이 사람은 랜드 연구소에서 핵무기 전략을 연구한 악명 높은 사람입니다. 핵전쟁에 대한 스탠리 큐브릭Stanley Kubrick 감독의 블랙코미디 영화 「닥터 스트레인지러브Dr. Strangelove」의 주인공인 미친 과학자가 허먼 칸을 모델로 했다는 얘기가 있었을 정도입니다. 칸의 주장 중 하나가 미국이 소련과 전면적인 핵전쟁을 할 수 있고, 심지어 기회가 되면 핵전쟁을 해야 한다는 것이었습니다. "핵전쟁을 하면 6천만에서 8천만 명 정도가 사망할 것이다. 그래도 나머지 인구가 다시 미국을 재건할 수 있다. 그러나 소련은 씨가 마를 정도로 폭삭 망할 것이기 때문에 미국은 핵전쟁을 무서워할 필요가 없다"는 것이 그의 끔찍한 주장이었습니다. 이런 전략을 짠 사람이라서 악명이 높았던 것인데요, 그는 나중에 정책연구소인 허드슨 연구소로 자리를 옮기면서 핵 전략가에서 미래 예측가로 변신합니다.

1967년에 칸이 『2000년』[4]이라는 책을 씁니다. 1967년을 기준으로 보면, 당시 20세기의 딱 3분의 2가 지났기 때문에, 그동안 살았던 3분의 2를 토대로 남은 3분의 1을 예측한 책입니다. 여기에서 칸은 그동안의 발전을 통계학적으로 분석해서 2000년에는 어떤 일이 벌어질지에 관해 이야기합니다. 칸의 예측 중에서 컴퓨터 산업이 사회의 핵심이 된다는 게 있었습니다. 컴퓨터를 이용해서 돈을 전송한다는 얘기도 했는데, 이런 것들은 놀라울 정도로 미래를 잘 예측했습니다. 범세계적인 통신망이 구축되고 무선전화가 등장해서 사람들이 무선전화를 들고 다닐 것이며, 유전자 조작과 이를 이용한 질병 치료가 이루어질 것이라는 예측도 있었습니다. 놀랍게 들어맞은 예측이었습니다.

그런데 빗나간 것도 있습니다. 그는 1970년대가 되면 레이저 살상무기를 개발할 수 있을 것이라고 했습니다. 실제로 당시에는 마치 「스타워즈Star Wars」 영화에서 보듯이 레이저 광선이 발사되는 살상무기를 만드는 것이 무기 개발자들의 목표였습니다. 그런데 이는 아직도 실현되지 않았으며, 과학자들 중에는 레이저의 특성상 불가능하다고

4 Herman Kahn & Anthony J. Wiener, *The Year 2000*, London: MacMillan, 1967.

보는 사람들도 있습니다. 21세기에 대한 칸의 예언 중에는 핵폭탄이 굴착과 광산업에 이용되고, 밤에는 '인공 달'이 특정 지역을 환하게 비춘다든지, 바다에 식민지를 개척한다든지, 로봇이 집안일의 대부분을 한다든지, 홀로그래피를 이용한 3차원 TV가 보편화된다는 예측도 있었습니다. 당시에 부상하던 레이저, 홀로그래피, 로보틱스 같은 기술이 계속 급속하게 발전하리라는 전망에 근거한 예측들은 거의 대부분 빗나갔지요.

그래서 이 책에 대한 평가도 엇갈립니다. 어떤 사람은 칸의 예측이 상당히 들어맞았다, 칸은 대단한 미래학자다, 라고 평가합니다. 그렇지만 다른 사람은 완전 엉터리다, 대부분의 예측이 틀렸다고 평가합니다. 앞에서도 봤지만 예측된 미래가 구현되었는가, 아닌가를 판단하는 문제는 항상 모호한 부분이 있습니다. 우리는 칸에 대한 평가가 왜 이렇게 엇갈리는지를 이해할 수 있을 겁니다.

예측이란 무엇인가

잠시 학술적인 이야기를 해보겠습니다. 예측은 보통

prediction을 의미하는데요. 학계에서는, 특히 사회과학계에서는 'prediction'보다는 'forecasting'이라는 말을 더 많이 씁니다. 둘 다 예측으로 번역되지만, 미래 예측을 학문적으로 연구하는 사람들은 prediction을 예언으로, forecasting을 예측으로 번역하곤 합니다. 예언은 비과학적이지만, 예측은 과학적이라는 의도가 깔려 있습니다.

과학에서 '예측'이란 무엇일까요? 천문학에서 하는 일식 예측을 볼까요? 나이지리아 기상연구소는 2013년 11월 3일 오후 1시 3분에 아부자에서 부분일식이 일어날 거라고 예측을 했는데, 1초도 안 틀리고 딱 맞혔습니다. 일식에 대한 예측은 고대부터 있었던 과학적 예측의 전형을 보여줍니다. 예전에는 이런 예측이 보통 사람들과는 조금 다른 점성술사에 의해서 이루어졌습니다. 당시 점성술사는 천문학을 공부한 전문가들이었고, 일식 예측은 왕족 같은 높은 지위에 있는 사람들이 특히 관심을 기울인 현상이었습니다. 그렇지만 지금 이런 예측은 과학자들이 담당하지요. 또 예전에는 무척 어려웠던 일식 예측이 지금은 큰 어려움 없이 일상적으로 진행되고 있습니다. 나이지리아는 국민소득 3천 달러 정도의 가난한 나라지만 일식을 1초도 틀리지 않고 예측할 수 있는 거죠.

과학철학자들에 의하면 과학에서 '설명'과 '예측'은

전혀 다르지 않습니다. 논리실증주의자들은 과학에서 어떤 조건(C*i*)이 있고 법칙(L*i*)이 있으면 왜 그런 결과가 일어났는지를 설명할 수 있다고 말합니다. 예를 들어, 과거 어떤 시점에서의 물체의 위치와 속도를 알고 중력과 자유낙하 법칙을 알면, 현재 그 물체의 떨어지는 속도와 결과를 알 수 있다는 것, 이게 과학에서의 '설명'입니다. 그리고 현재 물체의 위치와 속도를 알고 있는 상태에서 미래의 위치와 속도를 알아내는 것이 '예측'입니다. 이 경우에는 설명의 구조와 예측의 구조가 완전히 똑같습니다. 예측이 조금 놀랍게 느껴질 수는 있어도 과학에서의 구조는 설명의 경우와 다르지 않다는 거죠. 어떤 참된 법칙이 과거에 일어났던 일을 설명할 수 있다면 그 법칙은 미래에 일어날 일도 예측할 수 있다는 것입니다.

아인슈타인Albert Einstein의 일반상대성 이론에 의하면 태양 근처를 지나는 별빛은 태양 주변의 공간이 휘어져 있기 때문에 특정한 각도만큼 휘어지게 됩니다. 만약에 일반상대성 이론이 나오기 전에 어떤 과학자가 태양 근처를 지나서 지구에 도달하는 별빛의 휘어짐을 관찰했다고 가정해봅시다. 과학자들은 이런 관찰 결과가 왜 생겼는지 이해하지 못하고 있었는데, 일반상대성 이론으로부터 얻은 이론값이 이 관찰 결과와 정확히 일치했다면, 이는 과학적 설명이라고 할 수 있습니다. 물론 그런 일은 실제로 없었지요. 태양 근처를 지나서 지구로 오는 별빛의 휘어짐을 밝히는 관찰은 매우 어렵고, 상대성 이론 이전에는 이를 정당화하는 이론도 없었기 때문입니다. 모든 과학자가 별빛이 휘어지지 않는다고 생각할 때, 실제 별빛이 휘어지는지 아닌지를 관찰하겠다고 나설 천문학자는 아무도 없었을 테고요.

실제 있었던 일은 예측이었습니다. 아인슈타인은 일반상대성 이론을 내놓고, 자신의 이론이 옳다면 태양 주위를 지나서 지구에 도달하는 별빛이 얼마만큼 휘어질지를 예측했습니다. 그리고 1919년에 일반상대성 이론에 매료되었던 영국 천문학자 에딩턴Arthur Stanley Eddington은 개기일식을 맞아서 아프리카의 프린시페 섬에서 아인슈타인이 예측한 별빛의 휘어짐을 관측하게 됩니다. 당시 프린시페 섬에서 개기일식이 있었고, 이때 태양이 완전히 가려지면서 태양 주변에 있는 별을 사진으로 찍을 수 있었기 때문입니다. 에딩턴은 개기일식 순간에 찍은 별 사진과, 태양이 없을 때 찍은 별 사진을 비교해서, 이 두 사진에서 별의 위치가 다르다는 점을 발견하고, 별빛이 얼마나 휘었는지를 계산했습니다. 별빛이 실제로 아인슈타인이 예측한 만큼 휘어졌다는 그의 결과는 전 세계를 놀라게 하면

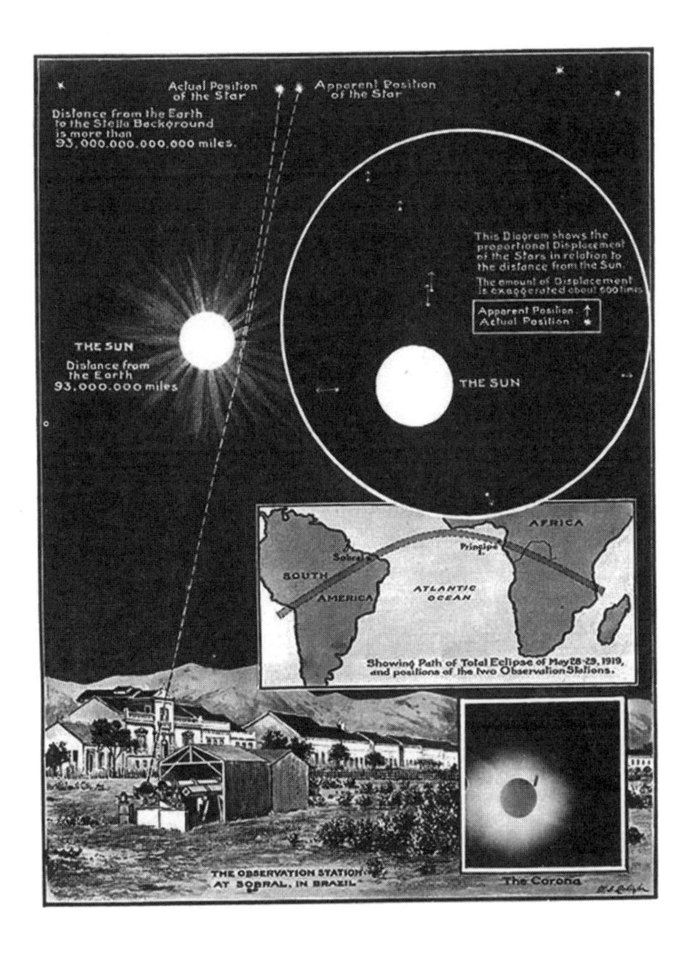

그림 1-5 아인슈타인의 일반상대성 이론이 옳다면 별빛은 태양 주위에서 휘어질 것입니다. 이는 1919년 에딩턴의 관찰로 참이라는 게 밝혀졌습니다.

서, 뉴턴Isaac Newton의 물리학이 틀렸고 일반상대성 이론이 참이라는 인식을 각인시켰습니다.

그런데 이 서술에서도 볼 수 있지만, 기존 현상을 설명하는 것과 새로운 현상을 예측하는 것 사이에 논리적인 차이는 없습니다. 차이가 있다면 심리적인 차이는 있습니다. 과학이 어떤 현상을 설명할 때보다, 예측을 하고 그것이 참이라고 판명될 때 사람들은 더 놀라곤 합니다. 일식 예측이 그랬듯이, 과학의 예측은 사람을 놀라게 하는 효과가 있습니다.

그래서 과학적 방법의 핵심은 예측에 있다고 생각하는 사람들도 있습니다. 미래를 예측하려는 사람들은 미래 예측이 일종의 과학이라고 주장합니다. 물리학이나 천문학이 물체의 운동을 잘 예측하듯이, 미래 예측이라는 과학도 여러 가지 형태의 과학적 방법론을 사용해서 미래를 예측한다는 것이지요. 그런데 물리학이나 천문학에서 물체의 운동을 예측하는 것과, 앞으로 20년 뒤의 미래사회가 어떻게 될까를 예측하는 것이 과연 비슷하기나 한 것일까요?

이 문제를 살펴보기 위해 과학에서의 예측을 좀더 들여다볼 필요가 있습니다. 자연과학은 정말 예측을 훌륭하게 해낼까요? 설명이 가능하다면 예측도 가능하다는 것, 진짜 그럴까요? 과거의 현상을 잘 설명하지만 예측은 잘 못하는 과학도 있습니다. 그 예가 '진화론'입니다. 진화론의 핵심은 "생존경쟁을 통한 자연선택" 혹은 "변이의 계승"인데, 이것은 과거의 종의 진화는 잘 설명합니다만, 미래에 어떤 종이 멸종되고 어떤 종이 어떻게 살아남고 진화할 것인가는 거의 예측하지 못합니다. 예를 들어, 앞으로 만 년 후에, 아니 천 년 후에 지구라는 생태계에 어떤 종이 남아 있을까 하는 질문에 대해서 진화론은 속수무책입니다. 진화의 핵심인 변이variation가 규칙적인 현상이 아니라 불규칙한 현상이기 때문입니다. 유기체들의 변이는 무작위로 이루어지며, 이것이 생태계의 미래를 예측하기 힘든 이유입니다. 게다가 종이 환경의 변화에 적응하는 정도를 "선택압selection pressure"이라고 하는데, 이 선택압은 통계적인 것이라서 적응을 잘 못하는 종도 살아남을 확률이 있습니다. 이 역시 이미 어려운 예측을 더 어렵게 만듭니다.[5]

진화론에 반대하는 사람들은 이런 이유를 들어서 진화론은 과학이 아니라고 합니다. 그런데 실제로는 일식 예측처럼 예측이 잘되는 현상이 오히려 예외적입니다. 일기예보를 생각해보세요. 예측을 하기는 하지만 잘 틀립니다. 일기예보를 비난하는 사람이 많기 때문에, 요즘은 일기예

5 Michael Scriven, "Explanation and Prediction in Evolutionary Theory," *Science*, vol. 130(August 1959), pp. 477~82.

보를 다 확률로 얘기합니다. 내일 비 올 확률이 30퍼센트라고 하는 식이죠. 어떤 때는 이럴 경우에 우산을 챙겨야 할지 말지 고민이 됩니다. 전 지구적인 기후변화도 마찬가지입니다. 인간의 산업 활동, 자동차 등에서 나오는 온실가스 때문에 지구의 온도가 꾸준히 상승하고 있다는 것은 대부분의 기후과학자가 동의하는 사실입니다. 그런데 100년 뒤, 혹은 50년 뒤 지구의 온도가 어떻게 될 것인가에 대해서는 확실하게 알 수 없습니다. 이런 예측은 상당한 불확실성을 안은 채로 이루어집니다. 우리가 보는 지층에 대해서 잘 설명해주는 지질학은 10만 년 뒤의 지층을 예측할 수 있을까요? 아마 힘들 것입니다. 그렇지만 이런 예측이 힘들다고 진화론, 기후과학, 지질학이 과학이 아닌 것은 아닙니다. 지진의 예측은 더 어렵지만, 지진학은 지질학의 당당한 한 분야입니다. 우리는 설명은 잘하지만 예측은 잘 못하는 과학도 있다는 것을 받아들여야 합니다.

미래 예측은
왜 곧잘 틀리는 걸까

자연과학 영역에서도 이렇게 예측이 힘든 부분들이 있지

만, 사회와 관련된 예측은 불가능할 정도로 힘든 경우가 대부분입니다. 왜 그럴까요? 첫번째는 초기 조건과 관련된 것입니다. 자연과학에서 제시된 예측을 보면 항상 초기 조건이 있습니다. 예측을 하려면 대상이 되는 시스템, 그것의 초기 조건, 그리고 시스템을 관장하는 법칙을 알아야 합니다. 초기 조건, 법칙, 시스템. 이 세 가지가 예측의 구성 조건입니다.

태양, 달, 지구라는 시스템을 생각해봅시다. 1년 전에 태양, 달, 지구가 어디 있었는지를 알고, 이 시스템의 운행 법칙을 안다면 지금 혹은 미래의 태양, 달, 지구의 위치를 알 수 있으며, 이를 가지고 일식과 월식을 예측할 수 있습니다. 그런데 인간사회에서는 이 초기 조건들을 알기가 힘듭니다. 인간사회와 관련된 초기 조건을 알려면 과거나 현재의 특정한 시점에서의 사회의 상태를 알아야 하는데, 지금 우리는 우리가 사는 세상의 상태를 충분히 알지 못합니다. 과거에 대해서도 마찬가지고요. 역사학자들은 과거에 무슨 일이 있었는지를 놓고 항상 논쟁을 합니다. 사회학자들과 경제학자들은 지금의 사회를 이해하는 데서 큰 차이를 보입니다. 이를 보면 우리는 미래만큼이나 과거나 현재에 대해서도 잘 모르고 있습니다.

'법칙' 같은 경우, 태양계는 뉴턴의 법칙을 따르지만

인간사회에는 이런 법칙이 없지요. 역사의 법칙을 찾으려 했던 역사가들이 많았지만 요즘 역사학자들은 역사에는 법칙이 없다는 생각 쪽으로 대부분 기울었습니다. '시스템'도 마찬가지입니다. 태양계는 충분히 고립된, 안정적이고 반복적이고 선형적인linear 시스템입니다. 그러나 인간 세계는 비선형적이고, 기상학자 로렌즈Edward Norton Lorenz가 발견한 '나비 효과butterfly effect'[6]처럼 전체 시스템이 초기 조건에 대해서 굉장히 민감한 카오스 시스템입니다. 로렌즈가 나비 효과를 발견했던 과정은 우리에게 많은 것을 시사합니다. 기상을 컴퓨터로 시뮬레이션하는데 처음에 한 번 하고, 잠깐 쉬었다가 다시 시뮬레이션을 하니까 전혀 다른 결과가 나왔다는 겁니다. 어떻게 시스템도 똑같고 초기 조건도 같은데 다른 결과를 낳는가를 고민했는데, 초기 조건에서 소수점 두 자리 혹은 심지어 소수점 여섯 자리에서 한 반올림의 차이가 엄청나게 다른 결과를 불러일으킨 것이지요. 이른바 '카오스' 현상이 나타나서 이것이 피드백으로 되돌아온 탓입니다.

인간 역사에도 이와 비슷한 효과가 있습니다. 어떤 가상의 사건들을 생각해보면 이런 나비 효과 같은 것들을 짐

6 나비 효과는 브라질의 나비 한 마리가 텍사스에 토네이도를 몰고 올 수 있다는 로렌즈의 얘기에서 만들어진 이름입니다.

작해볼 수 있지요. 예를 들어 1923년에 뮌헨에서 작은 혁명이 일어납니다. 젊은 급진파 몇 명이 혁명을 일으켰는데 16명이 사망하면서 진압이 됐던, 작은 폭동의 현장이었습니다. 그 혁명의 주동자는 총을 맞았지만 죽지 않았고, 치료를 받은 뒤 감옥에 갇혔습니다. 그 주동자가 누군지 아십니까? 바로 아돌프 히틀러Adolf Hitler였습니다. 그 히틀러가 이렇게 해서 수감된 감옥에서 『나의 투쟁*Mein Kampf*』이라는 책을 저술하고, 추종자들을 다시 모집한 거죠. 그 때 만약에 히틀러가 총을 맞고 사망했다면 역사가 어떻게 바뀌었을지 상상해볼 수 있겠죠. 아마 세계사 전체가 바뀌었을지도 모릅니다. 그 작은 사건이 불러일으켰을 법한 엄청난 결과에 대해서 우리는 거꾸로 짐작을 해볼 수 있다는 것입니다.

과학철학자 칼 포퍼Karl Popper라는 사람이 있습니다. 이 과학철학자는 사회의 미래를 예측하는 것이 사이비 과학pseudo-science이라고 못을 박았던 사람입니다. 그는 과학에서도 예측이라는 것이 과학의 핵심은 아니라고 말합니다. 포퍼의 주장을 이해하기 위해서는 당시 과학철학을 조금 살펴봐야 합니다. 당시 과학철학은 과학의 핵심이 '입증'이라고 생각했습니다. 관찰이나 실험을 통해서 이론이 옳다는 것을 밝히는 입증이 가장 중요하다는 것이지요. 그런데 자세히 들여다보면 설명과 예측의 균등성은 모두 입증주의에 근거하고 있습니다. 입증주의 관점에서 보면, 과거에 일어났던 현상을 가지고 이론을 입증하는 것이 '설명'이며, 미래에 일어날 현상을 가지고 이론을 입증하는 것이 '예측'이 되기 때문입니다. 그런데 포퍼는 입증주의가 철학적으로 근거가 매우 약한 도그마라는 것을 보여줍니다. 그는 논리적으로건 현실적으로건 이론을 완벽하게 입증하기란 불가능하다는 점을 설득력 있게 주장했습니다. 입증주의가 틀렸다면, 설명이나 예측 모두 과학의 가장 중요한 속성이 아니게 됩니다.

포퍼는 과학의 핵심은 입증이 아니라 '반증'이라고 주장합니다. 이론은 입증될 수 없지만 반증될 수는 있습니다. 기존의 이론이 반증되면서 폐기되고 새로운 이론이 나타나지요. 반증을 통해 기존의 이론은 뒤집어진다는 겁니다. 반증될 수 없는 이론, 언제나 참인 이론은 과학이 아닌 것입니다. 포퍼는 과학과 비과학을 가르는 기준으로 '반증 가능성'을 제창합니다. 그런데 기존 이론에 대한 반증이 언제 나올지 알 수 있는 방법은 없습니다. 뉴턴의 중력이론은 300년 동안 관찰이나 실험 결과와 잘 맞아떨어지다가, 20세기 초에 아인슈타인에 의해서 반증됐습니다. 이것을 예상한 사람은 없었습니다. 아인슈타인 자신도 예상하지 못했지요. 따라서 과학 법칙을 사용한 예측은 반증이 되기 전까지만 유효합니다. 반증이 되면 과학 법칙 자체가 바뀌어버리니까요. 포퍼는 이런 과학을 가리켜 열린과학 open science이라고 하면서, 사회와 역사에 대한 이론도 열린 이론이 되어야 한다고 주장했습니다.

그런데 여기에서 흥미로운 사실 하나가 유도됩니다. 우리 세계는 기술과 산업의 발전에 의존하는데, 많은 경우 기술과 산업의 발전은 인간의 지식에 근거합니다. 그 지식의 핵심은 과학인데, 포퍼에 의하면 미래에 우리가 어떤 과학을 갖게 될지를 예측하는 것은 불가능합니다. 새로운 지식은 과거의 지식이 반증되면서 나오는데, 이 반증이 언제, 어떻게, 누구에 의해서 일어날지 알 수 없기 때문입니다. 과학을 예측할 수 없으니, 미래의 기술과 산업의 발전을 예측할 수도 없으며, 그래서 결국 우리는 미래사회를 예측할 수 없다는 것입니다. 그가 미래를 예측하는 학문을 사이비 과학이라고 부른 이유가 이것입니다.[7]

포퍼에 의하면 과학은 반증된 것이거나 반증을 기다리는 것입니다. 그의 철학에 따르면, 수많은 반증 시도에도 불구하고 계속 살아남은 과학은 상대적으로 그만큼 더

7 칼 포퍼, 『추측과 논박 2』, 이한구 옮김, 민음사, 2001.

군건하다고 할 수 있습니다. 포퍼는 런던 정경대학에서 이런 내용의 강의를 했는데, 그 강의를 들었던 학생 중 하나가 헝가리 출신의 조지 소로스George Soros였습니다. 포퍼의 영향을 받은 소로스는 후에 설립한 헤지펀드 회사에 '퀀텀 펀드Quantum Fund'라는 이름을 붙이고 '열린사회Open Society 재단' 또한 만들죠. 소로스는 경제나 증권에 있어서도 미래를 예측할 수 없다, 돈을 벌려면 미래가 아닌 과거에 투자를 해야 한다고 생각했습니다. 그래서 그는 양차 세계대전을 비롯해 수많은 전쟁과 경제위기를 겪고도 살아남았던 회사를 집중 추적해 투자함으로써 큰 이익을 냈습니다. 과학에 비유하자면 이런 기업은 여러 차례의 반증 시도에도 불구하고 살아남은 과학이라고 할 수 있겠지요. 죽어버린 이론이 아니라 살아남은 이론이 대단한 것처럼, 시련을 거치면서 살아남았던 회사에 투자를 한 것이죠. 포퍼가 강조한 열린과학의 철학을 소로스는 사회와 경제에 적용한 것입니다.[8]

포퍼가 보기에, 미래에 대한 매우 잘못된 생각이 20세기 초에 큰 영향력을 미쳤던 역사학자 아널드 토인비

8 Sheeraz Raza, "George Soros: Investing Rules and the Theory of Reflexivity." (https://www.valuewalk.com/2015/03/george-soros-investing-rules-and-the-theory-of-reflexivity/).

Arnold J. Toynbee에 의해 제기됐습니다. 토인비는 그리스와 로마, 일본, 인도, 잉카 등 세계 21개 문명을 연구했고, 여기서 동일한 패턴을 발견했다고 결론 내렸습니다. 그것은 모든 문명이 발생-확장-쇠퇴-해체의 수순을 밟는다는 것이었습니다. 문명이 해체 단계에 접어들면, 한 문명이나 소수집단이 새로운 종교를 발견하고 폭력성이 심해지면서 전쟁이 발발합니다. 그러다 문명은 통합과 평화로 결집하게 되지만, 결국 다시 충돌과 갈등이 시작되고 부패가 심해지면서 국가와 문명이 붕괴된다는 것입니다.

토인비는 20세기 말에 서구사회 역시 비슷한 과정을 겪으리라고 예측했습니다. 미국과 소련이 합쳐져서 세계국가를 만들고, 자유가 없어지고 시민에 대한 통제가 심해지며, 이 절대권력은 자신에게 반대하는 자를 고문하거나 죽이는 독재 권력이 될 거라고 했습니다. 군사력은 단일한 손에 집중될 것이고 종교의 비중이 커지는데, 이 시작이 인도에서 일어난다고도 했고요. 그러나 이런 모든 얘기는 어긋났습니다.

토인비는 위대한 역사학자임이 분명합니다. 그의 예측은 자신이 발견한 문명의 법칙에 근거했습니다. 그렇다면 무엇이 그를 오류로 이끌었을까요? 토인비는 처음에 세 개 정도의 문명권을 택해서 연구하고 거기에서 공통된 패턴을 발견했다고 생각했습니다. 이 패턴이 너무 신기해서 다른 문명권으로 관심을 확장해서 연구를 계속하게 된 것이죠. 그런데 자신이 발견한 패턴에 맞지 않는 데이터가 나오면 그것을 버리고 고려하지 않았습니다. 이슬람 문명권처럼 잘 맞지 않는 사례가 나오면 아예 치워버린 거지요. 결국에는 자기가 가지고 있었던 패턴의 틀에 다른 문명권의 틀까지 끼워 맞춘 겁니다. 이렇게 해서 역사의 법칙을 얻어내고, 그것을 20세기에 적용해본 것입니다. 이렇게 나온 예측이 맞는다면 더 이상하겠지요. 앞에서 우리는 사회의 미래를 예측하는 작업이 가진 어려움 중 하나가 과거를 이해하기 힘든 것이라고 얘기했는데, 이는 세계사를 방대하게 연구했던 토인비에게도 그대로 적용되었던 것입니다.

예측의 전문가는 존재하는가

예측하기 어려운 것이 문명의 미래에 국한되는 걸까요? 아닙니다. 시스템을 구성하는 요소들이 서로 피드백을 주고받는 방식으로 얽혀 있으면, 그 시스템의 미래는 예측하기 힘듭니다. 이런 시스템을 '복잡계'라고 합니다.

복잡한 시스템 중 하나가 기후입니다. 지구온난화를 다루는 기후과학은 수십 년 뒤의 지구 온도를 대기-해양 대순환 모델과 시뮬레이션을 통해 예측합니다. 그런데 이 기후라는 시스템을 구성하는 여러 요소들에 대한 우리의 이해는 아직도 불완전합니다. 과학자들은 태양 에너지, 에어로졸, 먼지, 스모그의 변동을 정확하게 예측하지 못하며 온도에 큰 영향을 미치는 구름에 대해서도 확실한 지식을 가지고 있지 않습니다. 인간이 배출한 탄소 중 상당 부분이 대양에 흡수된다고 추정하지만 이에 대해서도 아직 모르는 부분이 많고, 기후 변동이 대양의 흡수 능력에 어떤 영향을 미칠지에 대해서도 모르는 부분이 있습니다. 지구가 더워져서 녹은 북극의 빙산이 유럽을 식힌다는 가설이 얼마나 확실한가도 잘 모릅니다. 특정 지역의 강수량과 온난화의 관련성에 대해서도, 지구상의 얼음에 대해서도 아직 정보가 충분하지 않으며 과거의 지구 온도에 대한 정보도 불확실합니다. 그렇기 때문에 최근(2014년)에 발간된 '기후변화에 관한 정부간 패널IPCC'의 5차 보고서에서도 2100년의 지구 온도는 2.6도에서 4.8도까지의 범위 내에서 증가할 것이라고 예측했지, 정확히 몇 도가 증가한다는 표현은 피했습니다.[9]

경제라는 시스템도 복잡계입니다. 1984년에 경제 전문잡지 『이코노미스트*The Economist*』의 실험이 있었습니다. 앞으로 10년 뒤 경제 상황에 대해서 설문을 한 것입니다. 전직 재무장관들, 다국적 기업의 회장들, 옥스퍼드 대학 경제학과 학생들, 환경미화원들, 이렇게 네 집단을 대상으로 설문을 했고, 10년 뒤에 결과를 비교했습니다. 1등이 누구였을 것 같나요? 환경미화원과 다국적 기업 회장들이 공동 1위였고, 경제학과 학생들이 이에 훨씬 못 미쳤으며, 심지어 전직 재무장관들이 꼴찌였습니다.

이런 실험들은 굉장히 많습니다.[10] 1월 1일에 지금부터 딱 1년 뒤에 미국 증시나 영국 증시의 주가가 어떻게

9 하지만 기후과학에 불확실성만 있는 것은 아닙니다. 지구의 장기적 기후 변화에 대한 지난 100년의 연구를 통해 우리가 확실하게 아는 것도 많습니다. 예를 들어 지구의 기온이 산업화가 시작된 이래 200년 동안 꾸준히 올라갔으며, 21세기 초엽의 지구 표면 온도는 20세기 초엽보다 0.8도 정도 더 뜨겁고, 이 온도 상승의 대부분이 화석연료를 태워서 방출되는 이산화탄소같이 인간의 활동이 낳은 결과라는 것은 '지극히 신뢰할 만한' 사실입니다. 그러한 상승이 인간과 자연에 심각한 위험 요소가 될 수 있다는 것도, 빙하가 녹고 있으며, 해수면이 상승하고 있다는 것도 확실합니다. 다만 이러한 경향의 결과가 50년 뒤에, 혹은 100년 뒤에 정확히 어떻게 나타날 것인가에 불확실성이 있는 것입니다.

10 이런 사례들은 J. Scott Armstrong, "The Seer-Sucker Theory: The Value of Experts in Forecasting," *Technology Review*, vol. 82, no. 7, 1980, pp. 16~24 참조.

될 것인가를 놓고 여러 대결이 벌어졌습니다. 침팬지들이 다트를 던져 낸 예측과 경제학자들이 수식을 사용해서 내놓은 예측을 놓고 어떤 게 더 맞는지 대결을 했는데, 거의 모두 침팬지가 이겼습니다. 할머니와도 대결을 했는데, 이번에도 전문가들이 패했습니다. 심지어 상장한 회사의 리스트를 갖다놓고, 손에 초콜릿을 묻힌 아이가 리스트를 문질러보게 했는데요. 초콜릿이 묻은 회사의 주식 상승률이 전문가들이 꼽은 회사의 상승률보다 높았습니다. 주식시장에 대한 전문가의 예측 능력은 침팬지, 할머니, 손에 초콜릿을 묻힌 아이의 예측 능력보다도 못했다는 것입니다.

유가油價 예측 또한 1970년대 이후 지속적인 관심의 대상입니다. 그런데 이 역시 항상 빗나갔습니다. 2007년 두 경제학자의 논문은 유가에 대한 그동안의 모든 예측을 메타 분석해보니까, 결국 전문가들이 했던 모든 예측이 미래 유가는 언제나 지금과 동일할 것이라는 예측보다도 훨씬 못했음을 알려줍니다. 잘못된 예측을 수없이 반복한 거죠. 많은 경우에 미래사회의 경제 현상, 사회 현상에 대해 이루어지는 전문가들의 예측은 사람들이 동전을 던져서 결정하는 예측보다도 못하다는 것입니다.

인구 또한 예측하기 힘듭니다. 현재의 30살 중 몇 명이 30년 뒤에 60살이 될지 예측하기는 쉽지 않습니다. 사망률이 의학의 발전에 따라, 또한 질병과 전쟁의 유무에 따라 달라지기 때문입니다. 이런 한 가지 이유 때문에라도 30년 뒤에 인구가 얼마일지 정확히 예측하기 힘들지요. 게다가 출산율의 변화도 예측하기 힘듭니다. 한국의 출산율은 1970년에 4.53명에서 2017년 1.05명으로 변화했습니다. 2000년대 들어 이란 같은 나라는 15년 전에 비해 출산율이 7.1명에서 1.9명으로 급락했습니다. 프랑스는 전 세계에서 출산율이 가장 낮았는데 지금은 많이 올랐고요. 출산율의 변화는 사회 변화를 낳고, 이러한 변화는 다시 출산율을 높이거나 낮춥니다. 이런 이유 때문에 미래사회의 인구를 정확히 예측하기 어렵다는 거지요. 우리는 대략 확률적으로, 불확실성을 가지고 미래의 인구를 예측할 수밖에 없습니다.

기술은 예측 가능한가

기술을 예측하는 것은 미래사회를 예측하는 가장 강력한 방법입니다. 기술이 지금의 속도로 발전하면 앞으로 20년, 30년 뒤에 어떤 기술이 발전하고, 이런 기술이 얼마나 싼

값에 보급될 수 있으며, 이런 기술의 혜택에 힘입어 학교, 직장, 의료, 문화가 어떻게 바뀌는가를 대략 예측해볼 수 있습니다. 물론 이런 예측에는 에너지나 교통, 통신수단과 같은 핵심 기술의 변화를 예측해야 하는 어려움이 있지요. 하지만 미래학자들은 지금의 트렌드와 각 분야 종사자들의 전문적인 의견을 종합함으로써 이런 예측을 어느 정도까지는 얻을 수 있다고 생각합니다. 1960년대부터 80년대까지는 기술의 발전에 천연자원과 에너지를 소진함으로써 '성장의 한계'가 곧 올 것이라는 비관적인 전망이 주를 이루었지만, 최근에는 기술의 발전에 힘입어 미래사회가 지금보다 훨씬 더 풍요로운 사회가 될 것이라는 낙관론이 주류가 된 것 같습니다.[11]

미래사회의 '기술'을 예측하는 건 상대적으로 쉬울 듯합니다. 기술을 예측해서 10년 뒤 세상을 주도할 유망 기술을 알 수 있다면 지금 유망한 기술에 투자를 할 수도 있습니다. 정부의 입장에서는 미래에 중요해지는 분야에 연구비를 집중해서 산업기술 부문의 국제 경쟁력을 획기적으로 높일 수 있고요. 기술 예측을 그려놓은 미래 지도를 '로드맵roadmap'이라고 합니다. 이는 말 그대로 앞으로

11 Peter H. Diamandis & Steven Kotler, *Abundance: The Future Is Better than You Think*, New York: Free Press, 2012.

나아갈 길에 대한 지도를 그린다는 개념입니다. 로드맵이 라는 아이디어의 기원은 '무어의 법칙Moore's law'입니다. 무어의 법칙은 이제 너무도 유명해서 설명이 불필요할 정도인데, 이는 집적회로에 들어가는 반도체 소자의 개수가 매년 두 배씩 증가한다는 것입니다. 이 법칙은 반도체와 IT 분야의 로드맵을 그리는 데 기초가 되었습니다.

무어의 법칙은 1965년에 있었던 사소한 원고 청탁이 계기가 됐습니다. 1965년, 당시 전기와 전자 분야의 대중적 잡지인 『일렉트로닉스*Electronics*』는 페어차일드 반도체 회사의 연구 책임자였던 고든 무어Gordon Moore에게 미래의 반도체 집적회로integrated circuit, 혹은 칩chip 산업을 예측하는 글을 부탁했지요. 원고 청탁을 받은 무어는 책상에 놓인 칩들을 바라보았습니다. 1965년에 갓 만들어진 신제품 칩에는 64개의 트랜지스터가 집적되어 있었고, 한 해 전 1964년에 나온 칩에는 32개의 트랜지스터가 들어 있었지요. 집적회로가 발명되던 1959년에는 트랜지스터가 낱개로 사용되고 있었습니다. 그는 이 세 개의 숫자 사이에 흥미로운 수학적 관계가 있음을 간파했습니다. 그것은 한 개의 칩에 포함된 트랜지스터의 개수가 2의 제곱, 즉 기하급수적으로 증가하고 있다는 것이었지요.

무어는 자신의 글에서 "(집적회로의) 복잡성은 대략

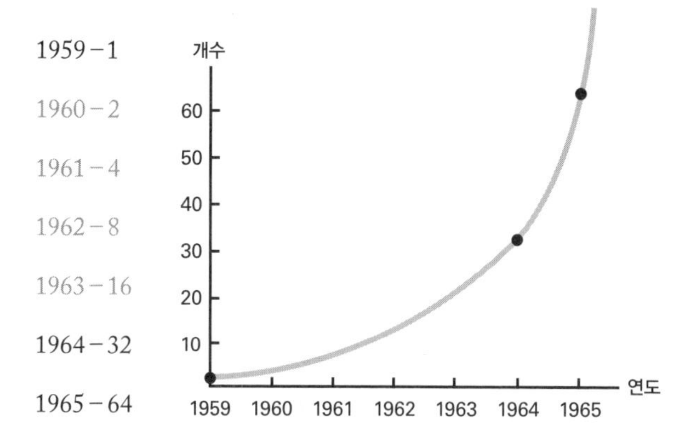

매년 두 배의 비율로 증가했다"고 결론지었는데, 이것이 바로 무어의 법칙이 탄생한 순간이었습니다. 그는 또 "길게 보았을 때, 이러한 증가 속도가 앞으로 10년 동안 일정할 것이라고 믿을 만한 근거가 있다"고 미래의 경향을 예측했습니다. 이러한 예측이 옳다면 엄청나게 혁명적인 결과를 낳을 것이었지요. 집적회로 칩 속에 포함되는 트랜지스터의 수가 매년 두 배씩 증가할 경우에는 10년 동안 2^{10}배, 즉 대략 1천 배가 증가할 테고, 1965년에 64개의 트랜지스터를 집적해서 칩을 만들던 회사는 1975년에는 무려 6만 5천 개의 트랜지스터를 하나의 칩에 쌓을 수 있을 것이었기 때문입니다. 무어는 칩의 발명자 로버트 노이스 Robert Noyce와 함께 1968년에 페어차일드사를 나와서 인텔사를 설립한 뒤에, MOS(Metal Oxide Semiconductor) 기술을 사용해서 1980년대 초반에는 6×6밀리미터의 작은 칩 속에 수십만 개의 트랜지스터를 집적한 슈퍼칩을 만들 수 있었습니다.

무어의 법칙은 자연법칙이 아니라 경험의 일반화이기 때문에 오차가 있을 수 있습니다. 실제로 무어의 법칙은 조금씩 수정되었습니다. 무어는 반도체의 집적도가 매년 두 배씩 증가한다고 예측했지만, 1970년대 중반부터 이 기간은 12개월에서 18개월로 늘어났습니다. 이럴 경우 10년 동안 증가율은 1천 배가 아니라 100배 정도로 줄어듭니다. 1990년대부터는 이 18개월이 다시 2년으로 늘어났는데, 그러면 10년간 증가율은 32배로 줄어듭니다. 그리고 1997년부터 2007년까지 마이크로프로세서의 집적도는 3년에 두 배 정도 증가하는 추세로 줄어들었는데, 그렇게 되면 10년에 10배 정도 증가하는 셈이었습니다. 이것도 적은 것이 아니지만, 10년에 1천 배를 예상했던 원래의 예측과는 거리가 있었지요.[12]

12 무어의 법칙이 기술결정론을 지지한다는 해석은 Paul E. Ceruzzi, "Moore's Law and Technological Determinism: Reflections on the History of Technology," *Technology and Culture*, vol. 46, no. 3, 2005, pp. 584~93에서 찾아볼 수 있으며, 이에 대한 반론은 Thomas J. Misa, "Understanding 'How Computing Has Changed the World'," *IEEE Annals of the History of Computing*, vol. 29, no. 4, 2007, pp. 52~63에서 볼 수 있습니다. 무어의

이러한 둔화의 원인으로는 기술적 한계뿐만 아니라 경제적 문제도 있었습니다. 트랜지스터를 점점 더 작게 만드는 것이 힘들어졌고, 이러한 반도체를 설계하고 생산하기 위해 공장 설비를 다시 설치하는 데 천문학적인 비용이 들었기 때문입니다. 자본력이 상당하고 핵심 기술을 축적한 회사만이 생산 설비를 확장해서 무어의 법칙을 만족시킬 수 있었지요. 무어 자신도 1968년에 인텔을 창립했을 때는 칩을 만드는 데 사용하는 핵심 기계를 1만 2천 달러에 마련할 수 있었지만, 1995년에는 칩을 만드는 데 필요한 핵심 기계의 가격이 1200만 달러로 상승했습니다. 이를 보면서 무어는 반도체 생산 비용의 기하급수적인 증가를 '제2의 무어의 법칙'이라고 명명하기까지 했습니다.

발명가이자 미래학자 레이 커즈와일Ray Kurzweil은 무어의 법칙이 반도체만이 아니라 다른 핵심 기술의 발전 전반에도 적용되는 법칙이라고 보았습니다. 그는 이러한 보편 법칙에 의거해서 2045년이 되면 인간의 두뇌 용량을 뛰어넘는 인공지능 컴퓨터가 가능해지고, 스스로 복제하는 나노 로봇이 만들어지고, 인간의 장기가 영원히 작동하는 인공장기로 바뀔 수 있다고 예측했지요. 인공지능과 나노

법칙의 둔화에 관한 논의로는 Alfred E. Brenner, "Moore's Law," *Science*, vol. 275, no. 5306, 1997, p. 1551이 있습니다.

기술 같은 기계의 도움을 받아서 인간이 불멸하게 되는 이 시점이 그가 '특이점singularity'이라고 부른 시점입니다.[13] 1948년생인 커즈와일은 특이점인 2045년까지 살기 위해서 매일 하루에 250개의 약과 영양제를 먹었던 것으로 유명하기도 합니다. 지금은 줄였지만 아직도 매일 100알 정도는 먹는다고 합니다. 그는 이 약들을 스스로 챙겨 먹을 수 없어서, 약을 챙겨서 먹여주는 비서를 따로 고용했다고도 하고요.[14]

13 최근에 커즈와일은 특이점을 2029년으로 앞당겼습니다. "美 미래학자 커즈와일 '2029년에 인류 영생할 것'," 『서울신문』(2016. 4. 21). (http://www.seoul.co.kr/news/newsView.php?id=20160421500230).

14 다음은 2015년에 커즈와일과 함께 아침을 먹으면서 그를 인터뷰한 미국 『파이낸셜 타임스*Financial Times*』 기자의 보도를 『한겨레』에서 정리한 기사의 일부입니다. "지금은 영양보충제를 하루 100알씩 먹는다. 그 사이에 효능이 더 좋은 것들이 나왔기 때문이다. 아침에 먹는 것들은 주로 심장과 눈, 두뇌 건강 및 성기능과 관련된 것들이라고 한다. 알약에 들어 있는 성분은 모두 70~80종에 이른다. 그중에서도 그는 자신의 장수를 돕는 핵심 영양성분으로 세 가지를 꼽는다. 첫째는 강력한 항산화물질인 코엔자임큐텐이다. 코엔자임큐텐은 세포 활동의 에너지를 공급하는 ATP(아데노신 3인산)를 합성하는 데 핵심 역할을 한다. 두번째는 세포막의 구성성분인 포스파티딜콜린phosphatidylcholine이다. 포스파티딜콜린은 영양분을 세포 안으로 흡수하는 역할을 하는 물질이다. 어린이들에겐 이 성분이 많지만, 나이가 들면 세포막에서 이 성분의 비중이 크게 줄어든다. 마지막으로 비타민D이다. 그는 비타민D는 암을 비롯한 각종 질병을 예방하는 데 도움을 준다고 말한다. 알약을 복용하는 데 드는 비용은 얼마나 될까? 그는 "하루에 수천 달러 정도"라고 말한다. 연간으로 셈하면 100만 달러(약 11억 원)가 족히 넘는다. 일반인들로선 따라할 엄두도 못 낼 금액

커즈와일의 예측은 많은 이들의 호응을 받았습니다. 그는 1990년에 출판한 『똑똑한 기계의 시대*The Age of Intelligent Machines*』에서 미래의 인공지능 사회를 예측했고, 1999년 『영적인 기계의 시대*The Age of Spiritual Machines*』에서 이를 더 정교화했습니다. 이 두 책은 국내 번역이 안 됐지만, 2005년에 출판된 『특이점이 온다*The Singularity Is Near*』는 국내에도 번역되어 많은 독자들에게 읽혔습니다.[15] 그는 2009년에 구글과 나사를 설득해서 기업의 최고 경영진들을 재교육시키는 '특이점 대학Singularity University'을 개교해서 이러한 자신의 철학을 강의하고 있습니다. 빌 게이츠Bill Gates는 『특이점이 온다』의 추천사를 썼는데, 여기에

이다. 이를 의식한 듯 그는 기자에게 "모든 사람이 같은 양을 복용할 필요는 없다. 건강한 30세라면 기본적인 것만 보충하면 될 것이다"라고 말했다. 그가 권하는 누구에게나 필요한 3대 기본 영양보충제는 종합비타민/미네랄, 오메가3 지방산, 비타민D이다. 비타민D를 별도로 꼽은 것은 종합비타민제에 든 양으로는 충분히 공급이 되지 않기 때문이란다. 그는 또 깨끗한 얼굴 피부를 위해, 항산화 스킨 크림도 바르고 있다. 심리학자인 그의 아내와 두 자녀 역시 그의 영양제 처방을 따르고 있다. [……] 그와 아침식사를 함께한 『파이낸셜 타임스』의 캐롤라인 대니얼Caroline Daniel 주말판 에디터는 그에 대한 인상평을 이렇게 요약했다. "머리는 좋으나 세상 물정은 모르는 우디 앨런의 형제를 보는 듯했다"("'현대판 진시황' 미래학자의 '영생 알약'," 『한겨레』(2015. 4. 21). (http://www.hani.co.kr/arti/society/health/687808.html).

15 레이 커즈와일, 『특이점이 온다: 기술이 인간을 초월하는 순간』, 김명남·장시형 옮김, 김영사, 2007.

서 커즈와일의 예측이 전부 들어맞았다며 그를 높이 평가했습니다. 그 밖에도 많은 미래학자들이 커즈와일을 현존하는 가장 영향력 있는 미래학자로 꼽습니다.

반면 그에 대한 비판도 만만치 않습니다. 『사이언티픽 아메리칸*Scientific American*』지의 존 호건John Horgan은 2045년에 온다고 예측한 특이점이 인간의 두뇌 용량을 컴퓨터와 비슷한 것으로 파악하는 셈법에 근거하지만, 뇌과학이 발전할수록 인간의 뇌는 컴퓨터와 다르며 상상을 뛰어넘는 복잡한 것으로 판명되고 있다고 하면서 커즈와일의 주장을 반박합니다. 컴퓨터로 인간의 뇌를 모사하는 것이 불가능하다는 것이지요.

커즈와일에 대한 실증적인 비판도 있습니다. 1999년에 출판된 커즈와일의 『영적인 기계의 시대』는 2009년에 이루어질 기술적 진보 열두 가지를 예측했습니다. 2012년 3월 20일 자 『포브스*Forbes*』지는 이 열두 가지 예측을 분석해서 이 중 한 가지가 그가 말한 대로 실현되었고, 네 가지가 절반 정도 실현되었으며, 나머지 일곱 가지는 전혀 실현되지 않았다고 밝혔습니다. 열두 가지 중에 세 가지가 실현되었다고 본다면 그의 예측력은 대략 25퍼센트 정도이며, 이는 의미 있는 미래 예측이라고 보기 힘들다는 것이 『포브스』의 비판의 골자입니다.[16] 그럴 바에는 동전을 던져서 어떤 질문에 '예스, 노'로 따져본 확률이 더 낫다는 거죠. 커즈와일은 이에 대해서 자신의 예측이 대부분 들어맞았다고 반박했습니다. 이 논쟁을 보면 예측이 들어맞았는지 아닌지를 따지는 것이 쉽지 않다는 점을 다시 확인하게 됩니다. 그럼에도 불구하고 우리는 커즈와일의 예측이 빌 게이츠가 칭찬한 것처럼 100퍼센트 들어맞았던 것은 아님을 짐작해볼 수는 있을 겁니다.

커즈와일은 2015년에 또 한 번 미래를 예측했습니다. 2018년이나 2019년이 되면 안경은 망막에 직접 빔이나 이미지를 비출 것이며, 나노 로봇이 점점 똑똑해져서 2020년부터는 대부분의 질병이 소멸할 것이며, 무인 자동차가 도로를 정복하기 시작하고, 고속도로에서는 인간 운전자의 운전이 금지되리라는 겁니다. 2030년대까지 가상현실은 100퍼센트 리얼하게 느껴지게 될 것이며, 비슷한 시기에 인간은 자신의 마음을 컴퓨터에 업로드할 수 있게 될 것입니다. 2040년대에는 컴퓨터의 지능이 생명체의 지능보다 10억 배 더 똑똑해지고, 나노기술을 통해 공기로 음

16 Alex Knapp, "Ray Kurzweil's Predictions for 2009 Were Mostly Inaccurate," *Forbes*(20 March 2012). (https://www.forbes.com/sites/alexknapp/2012/03/20/ray-kurzweils-predictions-for-2009-were-mostly-inaccurate/).

식을 만들 수 있게 되며, 모든 물질을 창조할 수 있는 합성 생명공학이 나온다는 것입니다. 또한 2045년에는 인공지능과 인간이 융합하는 특이점이 온다는 것을 다시 강조합니다.[17]

그런데 지금, 우리가 쓰는 안경이 망막에 빔이나 이미지를 비추나요? 아마 2015년 당시에 커즈와일은 눈앞에 정보를 띄워주는 구글글래스Google Glass를 보고 이런 예측을 한 것 같은데, 구글글래스는 실용성이 없다고 판단되어 이미 시장에서 철수한 지 꽤 됐습니다. 이 부분은 확실히 틀렸다고 할 수 있겠지요.

앞으로 2020년 이후를 겨냥한 그의 예측이 어떨지도 계속 주시해봅시다. 그전에도 그랬지만, 그의 얘기 중에는 잘 맞는 것도 있을 테고, 얼추 맞는 것도 있을 것이며, 맞았다고 보기 힘든 것도 있고, 완전히 빗나간 것도 나올 것입니다. 이를 놓고 사람들은 그의 예측이 잘 들어맞았다고 평가하는 측과 크게 빗나갔다고 보는 측으로 나뉠 겁니다. 예측이 적중했다, 혹은 크게 빗나갔다는 판단 역시 쉽

17 Peter H. Diamandis, "Ray Kurzweil's Mind-Boggling Predictions for the Next 25 Years"(26 January 2015). (https://singularityhub.com/2015/01/26/ray-kurzweils-mind-boggling-predictions-for-the-next-25-years/).

지 않습니다. 수만 가지 미래 예측이 계속 등장하는 데에는 이런 이유도 있습니다.

2강

기술과
유토피아

이번 2강에서는 과학기술과 미래의 관계에 대해서 '유토피아,' 즉 '이상향'이라는 키워드를 토대로 얘기해보려고 합니다. 역사적인 관점에서 어떤 방식으로 유토피아가 제시되어왔는지를 살펴보고, 이를 통해 과학기술과 미래를 어떻게 연결시킬 수 있을지를 개괄적으로 생각해보고자 합니다. 유토피아라는 것을 건설할 때 과학기술이 꼭 필요한가, 유토피아에서 과학기술이 중요하다면 처음부터 지금까지 항상 중요했는가, 이런 질문들을 해볼 수 있겠습니다. 이번 강의에서는 꼭 그렇지는 않았다는 이야기를 하게 될 것 같습니다. 이런 문제의식을 가지고 유토피아에 대한 믿음과 과학기술의 발전이 어떻게 연결되었고, 그것이 어떻게 미래에 대한 낙관적인 예측으로 나타났는가를 살펴보겠습니다.

유토피아에 기술이 필요한가

유토피아를 굳이 분류해본다면, 사회적 유토피아와 기술적 유토피아로 나눌 수 있습니다. 사람들이 사회계약 등을 통해 이룬 유토피아가 사회적 유토피아라면, 기술적 진보에 의해 가능해진 유토피아가 기술적 유토피아입니다. 첫 번째 유토피아는 사회정치적인 공동체 성격이 강했지만, 최근 들어서는 기술이 점점 중요해지고 있다고 할 수 있습니다. 그렇다면 문학적 상상, 학문적 분석, 실천적 목표, 국가 비전, 마케팅 전략 등 유토피아를 다루는 여러 방식들을 어떻게 연결할 수 있을까요?

토머스 모어Thomas More의 『유토피아*Utopia*』(1516)는 유토피아라는 말을 유행시키고 그런 주제의 저술들에 많은 영감을 준 책입니다. 모어는 화폐가 없는 공동소유 경제를 이야기했는데 여기에서 과학기술의 역할은 중요하지 않았습니다. 달걀을 인공 부화한다거나 천체를 관측하는 것 외에는 과학기술적인 내용이 많이 나오지 않습니다. 그보다는 오히려 사회적 문제라고 할 만한 것들, 공동체 생활에 대한 디자인이 더 중요했습니다. 특히 그는 화폐 없이 공동체가 필요한 것을 계획해서 생산하는 이상향을

그림 2-1　　　　　　　　토머스 모어의 『유토피아』에 실린 상상도.

그렸습니다. 그는 갈등과 착취로 사회가 타락하는 것이 과학기술이 발전하지 않아서가 아니라, 돈에 대한 탐욕 때문이라고 생각했던 것입니다.

17세기 영국의 과학자이자 철학자였던 프랜시스 베이컨Francis Bacon은 사후 출판된 『새로운 아틀란티스*The New Atlantis*』(1627)에서 벤살렘 왕국이라는 유토피아를 그리고 있습니다. 흥미로운 사실은 이 왕국에는 '솔로몬의 집'이라는 과학기술 연구기관이 있어서 데이터를 모으고 분석하여 새로운 것을 만들어내는 작업을 수행한다는 것입니다. 수력을 어떻게 이용하는지, 통신을 어떻게 하는지, 가축을 어떻게 기르는지, 음식물을 어떻게 저장하는지, 관측은 어떻게 하는지, 심지어 지금의 유전공학 비슷한 방식으로 거대한 동물을 만드는 작업 등이 군데군데 묘사되어 있는 것을 볼 수 있습니다.

그렇다고 해도 모어와 마찬가지로 베이컨의 유토피아 역시 과학기술의 발전 자체가 핵심은 아니었습니다. 과학기술이 강조되었지만, 이 이상향 안에서 신을 섬기는 종교적인 생활이 공동체를 결속시키는 가장 중요한 힘으로 묘사됩니다. 과학기술은 종교적 공동체를 뒷받침하는 정도에 그쳤습니다. 과학기술 그 자체가 목적인 사회는 아니었다는 것입니다.[1]

그림 2-2　　프랜시스 베이컨의 『새로운 아틀란티스』에 나오는 '솔로몬의 집.'

새로운 기술,
새로운 세계

좀더 인간 중심적인 진보의 관념, 이성에 바탕을 둔 인간 사회의 가능성은 그 이후 과학혁명, 산업혁명, 계몽주의 등을 거치면서 등장했고, 이 과정에서 과학기술이 담당하는 역할에 대한 믿음도 커졌습니다. 철도와 전신 등 새로운 교통과 통신 시스템이 등장하는 19세기 중반이 되면 기술의 빠른 변화에 대한 놀라움과 함께 세계가 이전과는 전혀 다른 곳으로 변하고 있다는 인식을 쉽게 찾아볼 수 있습니다.

가령 1847년에 미국 상원 의원 대니얼 웹스터Daniel Webster는 다음과 같이 말합니다. "우리는 특별한 시대에 살고 있다. 전적으로 새로운 시대다. 지금까지 세계는 이와 같은 것을 본 적이 없다. 나도 그렇고 어느 누구도 그 끝이 어디인지 아는 척을 할 수 없다. 그러나 누구든 하늘과 땅, 그리고 땅속의 것들에 대한 과학적 연구가 지금을 놀라운 시대로 만든다는 사실을 알고 있다. 더 놀라운 것은 이런 과학적 연구를 생활을 위해 활용한다는 데 있다.

1 Howard P. Segal, *Technology and Utopia*, Washington D.C.: American Historical Association, 2006, pp. 17~20.

고대인들은 이런 것을 보지 못했다. 현대인들도 지금 세대 전에는 이와 같은 것을 본 적이 없다. [……] 우리는 증기의 힘이 대양을 항해하고 육지를 가로지르고 정보가 전기를 통해 전파되는 것을 목격하고 있다. 이것은 정말 거의 기적적인 시대다. 우리 앞에 무엇이 있을지 아무도 말할 수 없고, 우리에게 닥칠 일을 아무도 깨닫지 못한다. 이 시대의 진보는 인간의 믿음을 거의 뛰어넘어 버렸다. 오직 신만이 미래를 알고 계신다."[2] 여기서 우리는 기술의 진보와 사회의 진보가 동일시되는 것, 또는 기술 진보가 사회 진보의 핵심 요소로 인식되는 것을 볼 수 있습니다. 이제 기술은 새로운 세계의 건설에서 중요한 역할, 어쩌면 가장 중요한 역할을 부여받고 있습니다.

〈그림 2-3〉은 프랜시스 팔머Frances F. Palmer라는 석판화가가 1860년대에 그려서 널리 출판된 「대륙을 가로질러」라는 작품입니다. 미국 대륙에서 서부를 향해 직선으로 뻗은 철로를 따라 열차가 연기를 내뿜으면서 달려가는 모습을 담고 있습니다. 철도라는 신기술이 아직 개척되지 않은 공간, 아직 알 수 없는 미래를 향해 사람들을 이끌어간다는 이미지를 줍니다. 철도 좌우 풍경의 대비도 인상적입

2 Leo Marx, "Technology: The Emergence of a Hazardous Concept," *Technology and Culture*, vol. 51, no. 3, 2010, p. 564에서 재인용.

그림 2-3 프랜시스 팔머, 「대륙을 가로질러」(1868).

니다. 오른쪽에는 마치 과거를 상징하는 듯한 아메리카 원주민들이 말에 올라탄 채 철도가 뿜어내는 연기에 금방이라도 가려질 것처럼 보입니다. 왼쪽에는 나무를 베고, 학교를 짓고, 마을을 건설하면서 활기가 넘치는 풍경을 표현했습니다. 여기서 철도라는 기술은 현재를 과거로부터 단절시키는 동시에 미래로 연결시켜주고 있습니다. 미래로, 또 새로운 세계로 나아가는 방법은 철도를 받아들이고 열차에 올라타는 것밖에 없다는 사실을 암시하고 있는 것이지요.[3]

3 Merrit Roe Smith, "Technological Determinism in American Culture," Merrit Roe Smith & Leo Marx(eds.), *Does Technology Drive History? The*

철도와 마찬가지로 사람들에게 큰 충격과 함께 미래 사회에 대한 강력한 전망을 제시한 것은 전신입니다. 〈그림 2-4〉는 대서양을 횡단하는 해저 전신 케이블을 나타낸 1858년 지도인데요, 전신을 통해 유럽과 아메리카 대륙이 연결되었음을 보여주고 있습니다. 대서양으로 갈린 두 대륙이 전신을 통해 순식간에 연결되자 당시 사람들의 세계 인식도 크게 변화했습니다. 1863년에 출판된 『전신 이야기*The Story of the Telegraph*』라는 책은 "전신 케이블이 깔린 것은 당연하게도 금세기 일어났던 가장 위대한 사건으로 여겨진다. 이제 거대한 작업이 끝났으니 온 지구가 전류에 휘감겨서 인간의 생각과 감정으로 고동칠 것이다. 이는 인간에게 불가능이란 없다는 사실을 보여준다"[4]라고 선언했습니다. 당시 사람들이 새로운 통신기술의 등장을 세기적 사건이자 인류사적 사건으로 규정하고 있었음을 볼 수 있는 대목입니다. 다가올 미래사회의 모습을 형성하는 데 전신과 같은 신기술이 핵심적인 역할을 하리라는 생각도 엿볼 수 있습니다.

Dilemma of Technological Determinism, Cambridge, MA: The MIT Press, 1994, pp. 1~35.

4 Charles F. Briggs & Augustus Maverick, *The Story of the Telegraph*, New York: Rudd & Carleton, 1863, p. 13(Tom Standage, *The Victorian Internet*, New York: Walker & Co., 1998, p. 82에서 재인용).

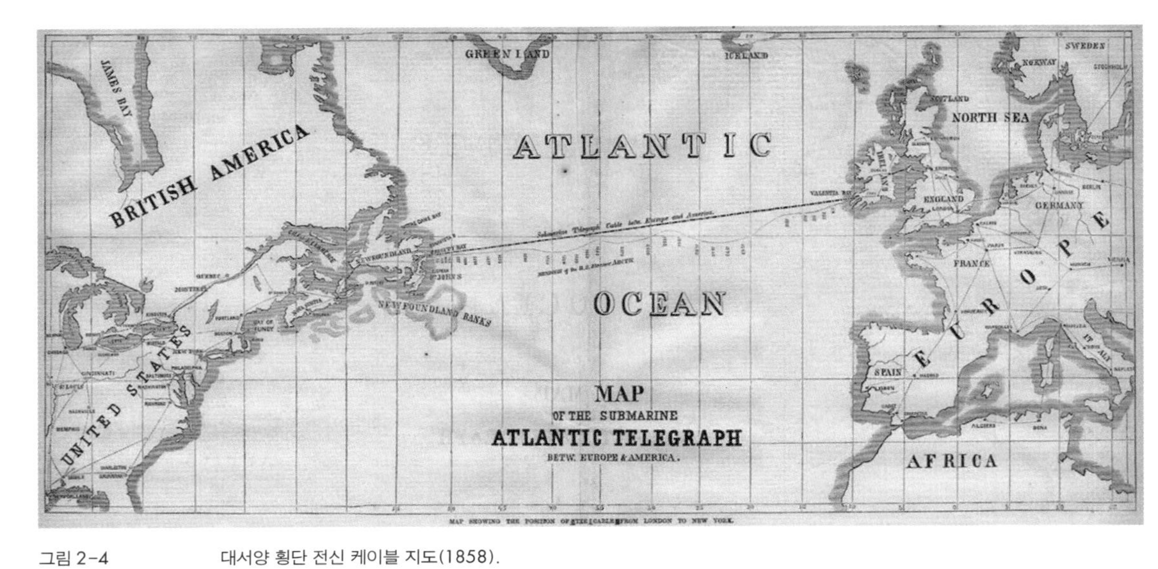

그림 2-4 대서양 횡단 전신 케이블 지도(1858).

그런가 하면 런던에서 발행되는 신문 『타임스*The Times*』는 대서양 해저 전신 케이블 연결이 콜럼버스의 아메리카 대륙 발견 이후로 인간의 활동 영역을 가장 크게 확장시킨 사건이라고 평가했습니다. 1776년 독립선언과 함께 영국으로부터 떨어져나갔던 미국이 다시 돌아온 것 같다는 과장된 반응도 보였습니다. 신문은 "대서양이 말라버렸고, 우리[영국과 미국]는 상상과 현실 모두에서 하나의 국가가 되었다. 대서양 전신은 1776년의 독립선언을 절반쯤 되돌려놓았고, 우리도 모르는 사이에 우리를 다시 하나로 만들어주었다"라고 썼습니다. 앞서 언급한 『전신 이야기』는 전신에서 세계 평화에 대한 희망을 찾기도 했습니다. "지구상의 모든 나라 사이에 생각을 교환할 수 있는 도구가 마련된 마당에 낡은 편견과 적개심이 계속 존재하는 것은 불가능하다"는 것입니다.[5] 통신기술이 가져다줄 우애와 평화의 유토피아가 멀지 않은 것처럼 보입니다.

기술이 당대 사람들의 역사관, 세계관에 가한 충격에 대한 묘사를 하나 더 소개하겠습니다. 19세기 후반부터 국제적으로 유행하기 시작한 만국박람회는 과학과 기술의 진보를 중요한 주제로 다루었습니다. 방문자들은 새로운

5 같은 책, p. 83에서 재인용.

기술과 산업이 전시된 것을 보면서 인류 문명의 진보를 실감하고 경탄하고 충격을 받았습니다. 세상이 어떤 방향으로 변하고 있는지 목격할 수 있었던 것입니다. 그중 하나가 1900년에 있었던 파리 세계 박람회입니다. 〈그림 2-5〉는 그중 기계 갤러리의 모습입니다. 엄청나게 큰 규모의 기계들이 전시장을 가득 채우고 있습니다. 이곳을 방문해서 이 기계들, 특히 거대한 발전기를 목격하고 큰 충격을 받은 사람들 중 한 사람이 바로 헨리 애덤스Henry Adams입니다. 미국의 학자이자 저술가인 이 사람은 3인칭으로 쓴

그림 2-5 파리 세계 박람회(1900).

자서전에서 당시의 충격을 이렇게 묘사합니다. "애덤스에게 발전기는 무한의 상징이었다. [……] 그는 40피트 크기의 발전기에서 마치 초기 기독교도들이 십자가에서 느꼈을 법한 도덕적인 힘을 느꼈다. [……] 그는 거기에다 대고 기도하기 시작했다." 기계 앞에서 애덤스는 거의 종교적 체험을 한 것입니다. 그는 또 "완전히 새로운 힘이 갑자기 분출하면서 자신의 역사의 목을 부러뜨리는 바람에" 기계 갤러리의 바닥에 드러눕고 말았다고 썼습니다.[6] 그때까지 있었던 모든 역사적 흐름이 거대한 기계의 충격 때문에 끊어져버리는 느낌을 받았다는 것입니다.

이쯤 되면 기술은 우리가 역사를 이해하고 미래를 상상하는 데 고려하는 하나의 요소 정도가 아니라 역사와 미래에 대한 근본 인식을 건드리는 강력한 힘이 되었다고 할 수 있습니다. 21세기에 우리가 스마트폰이나 인공지능과 같은 첨단기술을 언급하면서 표출하는 역사 인식, 미래 인식의 틀이 100년이 넘는 시간 동안 형성되어왔다는 점을 알 수 있지요. 어떻게 보면 19세기 말의 경험과 충격이 21세기에 우리가 겪고 있는 것보다 더 강렬했던 것 같기도 합니다. 기술이 곧 역사이자 미래가 되기 시작했습니다.

6 Henry Adams, "The Dynamo and the Virgin"(1900), *The Education of Henry Adams*, Oxford: Oxford University Press, 1999, pp. 318~20.

기술은
세상을 바꾸는가

기술과 역사, 기술과 미래의 밀접한 관계에 대한 이와 같은 인식을 어떻게 해석하고 평가할 수 있을까요? 기술과 사회는 어떻게 영향을 주고받는다고 생각해야 할까요? 앞서 살펴본 사례에서 표출된 기술 중심의 역사관, 미래관은 기술결정론technological determinism적인 사고방식이라고 할 수 있습니다. 기술결정론은 역사의 방향, 사회 변화의 방향을 기술이 결정짓는다, 또는 기술이 그러한 변화의 가장 강력한 동력이라는 이론입니다. 교통이든 통신이든 새로운 기술이 등장해서 사회 진보의 방향과 속도를 결정지을 것이고 사람들은 그것을 따라갈 수밖에 없다는 것입니다. 사회 변화가 '기술의 명령'을 따라 진행된다는 생각이라고도 할 수 있습니다. 이에 따르면 어떤 새로운 기술, 좋은 기술이 나왔을 때 그것을 쓰지 않을 이유가 없고 도입하지 않을 이유가 없게 됩니다. 기술의 명령에 저항하는 것은 효과적이지도 바람직하지도 않습니다. 기술의 변화와 그에 따른 사회 변화는 누구도 거역할 수 없는 흐름이라고 여겨집니다. 앞에서는 과거의 사례를 들었지만 실은 요즘에도 흔하게 접할 수 있는 생각입니다.

그렇다면 인간의 역사는 곧 기술 발전의 역사이고, 기술의 미래가 곧 인간의 미래일까요? 모든 이가 이에 동의하지는 않습니다. 가령 산업화 사회에서는 많은 노동자들이 열악한 환경에서 일하면서 생기는 문제들이 있었는데, 기술 발전이 이를 자동적으로 해결해주지는 못한다고 생각한 사람들도 많았습니다. 사회주의 사상도 그렇고, 로버트 오언Robert Owen이 1820년대에 만들려고 했던 '유토피아 공동체'도 그렇습니다. 오언은 노동자들이 스스로 노동시간을 결정하고, 기술을 적절하게 조절하고 이용하는 공동체가 가능하다고 생각했습니다. 그는 대략 1200명의 사람들이 4~6제곱킬로미터의 면적에 하나의 거대한 빌딩을 짓고 함께 사는 자급자족의 공동체를 생각했습니다. 이 공동체는 공동 주방과 식당을 운영하고, 각 가족은 독립된 아파트에 살면서 아이를 키우지만, 아이가 세 살이 되면 집에서 내보내 공동체에서 공동 육아를 실시합니다. 오언은 영국 사람이었는데, 미국에 가서 실제로 이런 공동체를 꾸리는 실험도 했습니다. 물론 실험이 오래 지속되면서 성공한 경우는 없었습니다. 마르크스Karl Marx는 오언의 사상을 '유토피아 사회주의'라고 비판하면서, 『공산당 선언』(1848)에서 기술을 포함한 생산력의 발전을 이용하되 모순적인 생산 양식을 바꿈으로써 '과학적 사회주의'를 추구해야 한다고 주창하기도 했지요.

19세기 말과 20세기 초에는 기술의 발전을 배경 삼아 나름대로 미래사회의 모습을 그려보는 기술적 유토피아 문학작품도 많이 등장했는데요, 여기에서도 사회의 구성과 변화에서 기술이 맡는 역할은 조금씩 달랐습니다. 지금은 당시 작품들 대부분이 잊혔습니다만, 그중에서 가장 유명했고 또 지금까지 널리 읽히는 책이 있습니다. 바로 에드워드 벨러미Edward Bellamy의 『뒤돌아보며: 2000년에 1887년을*Looking Backward, 2000~1887*』[7]입니다.

책의 주인공은 1887년 보스턴 지역에 살고 있던 상류층 젊은이인데요, 책은 그가 잠들었다가 깨어보니까 2000년이었다는 얘기로 시작합니다. 2000년의 미국은 1887년과는 완전히 다른 세상이었습니다. 미래에는 생산수단이 국유화되고, 완벽한 복지가 이루어진 상태에서 창고형 상점, (크레딧) 체크카드, 전기, 전화, 라디오 등이 보편적으로 사용되고 있었습니다. 게다가 미래사회는 갈등, 전쟁, 범죄가 사라진 사회였습니다. 사람들은 열심히 일하고 40대에 은퇴해서 국가가 주는 연금을 가지고 행복한 삶을 영위합니다. 독점과 빈부격차가 없어지고, 생산과 소비가 과

7 에드워드 벨러미, 『뒤돌아보며: 2000년에 1887년을』, 김혜진 옮김, 아고라, 2014.

학적으로 운용되면서 약육강식의 생존경쟁 사회가 유토피아로 변했던 것입니다. 벨러미의 이 책은 대표적인 유토피아 소설로 꼽기에 손색이 없습니다.

1888년에 출판된 이 작품은 19세기 미국에서 가장 많이 팔린 책 중 하나였습니다. 왜 벨러미의 작품만 이렇게 성공했느냐에 대해서도 여러 설명이 있겠지만, 한 가지 이유는 벨러미가 미래의 신기한 기술을 제시하는 데에서 그치지 않았기 때문입니다. 벨러미가 그려낸 2000년의 미래 사회를 보면, 미국 보스턴 지역에 체크카드랑 비슷한 지불 시스템이 생기고, 코스트코 같은 창고형 매장도 볼 수 있고, 전기 공급 시스템도 있고, 라디오 같은 전화로 음악을 전송하는 등의 신기한 기술적인 장치들이 포함되어 있습니다. 그렇지만 그는 기술적인 조건의 서술에 국한하지 않고 사회 시스템, 공동체, 사람들의 협동에 대한 것까지 균형 있게 잘 그려냈고, 아마 이런 이유 때문에 독자들이 더 설득력 있게 받아들였던 것 같습니다.[8]

에드워드 벨러미의 책은 소설이지만, 이에 영향을 받은 사람들 사이에서는 기술을 사회 변화의 중심에 놓고서

8 Howard P. Segal, "The Technological Utopians," Joseph Corn(ed.), *Imagining Tomorrow: History, Technology, and the American Future*, Cambridge, MA: The MIT Press, 1986, pp. 119~36.

더욱 적극적으로 변화를 추구하는 운동도 생겼습니다. 이처럼 엔지니어 등 기술적 전문가들이 전면에 나서서 사회 변화를 이끌어나가려 한 움직임이 바로 '테크노크라시technocracy 운동'입니다. 그 아이디어의 기원은 더 이전으로 올라가지만, 1930년대 초반에 굉장히 유행했습니다. 요즘으로 치면 공대를 졸업하고 전문 영역에서 일하던 사람들이 정계에 진출하는 것으로 생각할 수 있겠지요. 1930년대에 이들 기술적 전문가들은 자신들이 기계를 잘 디자인하고 합리적, 효율적으로 이해할 수 있기 때문에 부패하고 탐욕스러우면서 전문성은 떨어지는 정치가들 대신 스스로 사회의 전면에 나서야 한다고 생각했습니다. 이들은 이것이 일종의 혁명이지만, 마르크스의 공산주의 혁명과는 달리 피를 흘리지 않는 합리적인 혁명이라는 전망을 내놓습니다.

1933년에 출판된 『테크노크라시에서의 삶: 어떤 모습일까』[9]와 같은 책들이 기술적 전문가가 이끄는 세상에 대한 유토피아적 상상을 담아냈습니다. 지금은 테크노크라시 운동의 영향력이 미미해졌지만, 사회 변화의 주요 동력으로서 기술의 중요성에 대한 인식이 커질수록 바로 그 기

9 Harold Loeb, *Life in a Technocracy: What It Might Be Like*, New York: The Viking Press, 1933.

술을 이해하고 만드는 사람들이 사회에서 주도적인 역할을 맡아야 한다는 생각은 아직도 어렵지 않게 볼 수 있습니다.

하이테크 유토피아를 거쳐 사이버 유토피아로

제2차 세계대전을 거쳐 20세기 후반으로 가면 미래에 대한 유토피아적 상상에서 기술이 더 빈번하게, 더 중요하게 등장하는 모습을 볼 수 있습니다. 더 나은 미래란 곧 더 좋은 기술이 나온 시대가 됩니다. 더 빠르게 이동하고, 더 빠르게 연락하고, 더 편하게 일과 여가를 즐기는 것이 미래에 대한 상상의 핵심적인 부분이 됩니다. 여기에는 기술의 진보를 사회의 진보와 동일시하는 생각이 깔려 있습니다. 기술사학자 리오 마르크스Leo Marx는 계몽주의 시대 사상가들이 당대 기술의 발전을 칭송하면서도 그것을 공화주의 등 정치적, 사회적 목적을 실현하기 위한 수단으로 여겼던 데 비해 20세기 말의 기술 담론은 기술 발전 자체를 목적으로 삼게 되었다고 비판했습니다.[10] 이런 양상은 한국이든 외국이든 비슷합니다.

그림 2-6 서기 2000년의 한국 상상도(『동아일보』, 1970. 1. 1).

조금 오래된 한국의 미래 상상을 하나 살펴보겠습니다. 〈그림 2-6〉은 1970년 1월 1일 자 『동아일보』에 실린 "서기 2000년의 한국 상상도," 즉 30년 뒤의 한국 미래를 그린 그림입니다. 보통 1월 1일 자 신년호 신문에는 이런 기사와 그림이 많이 나오죠. 이 상상도를 보시면 한마디로 기술적인 것으로 가득 차 있음을 알 수 있습니다. 우선 전국을 연결하는 고속도로가 깔려 있습니다. 1970년 1월은 아직 경부고속도로가 일부만 개통된 상태에서 최종 단계 공사가 한창이던 때입니다. 하지만 이 상상도에는 경부고속도로만이 아니라 여러 고속도로의 네트워크가 완성되어 있는 것처럼 보입니다. 고속도로만이 아니라 댐과 공장이 잔뜩 들어서서 한국의 발전을 증언하고 있습니다. 비행기와 선박 등 교통과 운송 기술도 눈에 들어옵니다. 미래 지향적 건물들이 도시를 채우고 있고 바다에도 대형 구조물들이 설치되어 있습니다. 백두산에 걸린 태극기는 서기 2000년 한반도의 정치 상황, 즉 통일된 국가의 모습을 암시하고 있고요. 그러나 그보다 더 직접적인 묘사는 남과 북을 고속도로와 비행기가 이어주고 있는 장면일 것입니다. 1970년의 이 미래 상상도는 "싸우며 건설하고 건설하

10 Leo Marx, "Technology: The Emergence of a Hazardous Concept."

며 싸우자"라는 구호가 유행하던 당시 사회에서 이끌어낼 수 있었던 기술적 유토피아의 최대치인 것으로 보입니다.[11]

유토피아에 대한 관념이 좀더 기술 그 자체에 가까워지는 것은 1980년대 들어 전자와 정보통신 기술을 중심으로 등장한 '하이테크 유토피아' 논의에서 볼 수 있습니다. 당시 막 나오기 시작한 화상전화나 컴퓨터 통신 등을 보면서 사람들은 이런 첨단기술이 일상생활에 곧 적용될 수 있으리라고 생각했고, 이것이 당시의 미래 상상에 반영된 것입니다. 1988년에 『로스앤젤레스 타임스 매거진*Los Angeles Times Magazine*』은 25년 후인 2013년의 로스앤젤레스를 주제로 한 특집호를 발간했습니다. 이 특집은 첨단기술을 사용하는 가정, 사무실, 공공시설의 편리함을 강조하고 있습니다. 또한 "2013년에 로스앤젤레스가 놀랍도록 살기 좋은 곳 — 기술적 유토피아, 경제적 거인, 문화와 인종이 조화롭게 섞인 곳이 될 수 있다"고 전망했습니다.[12]

11 Chihyung Jeon, "A Road to Modernization and Unification: The Construction of the Gyeongbu Highway in South Korea," *Technology and Culture*, vol. 51, no. 1, 2010, pp. 55~79.

12 2013년 『LA 타임스』는 이 기사를 '도큐먼트'로 다시 출판했습니다. "L.A. 2013"(8 March 2013). (http://documents.latimes.com/la-2013/). '하이테크 유토피아'라는 표현은 Howard P. Segal, *Technology and Utopia*에서 가져왔습니다.

이 특집에서 가장 공을 들인 기사는 "일상 속의 하루A Day in the Life"라는 제목을 달고 있습니다. 2013년 LA에 사는 한 가족의 하루를 다룬 가상 시나리오입니다. 사람 네 명과 로봇들이 한 가족을 이루어 살고 있다고 합니다. 이처럼 미래 예측에는 서기 몇 년의 하루, 김모 씨의 하루 같은 식으로 묘사하는 내러티브가 많습니다. 『로스앤젤레스 타임스 매거진』은 여러 페이지를 할애해서, 2013년의 어느 날 오전 5시 45분부터 자정까지의 하루를 보여줍니다. 이 가족이 사는 스마트 하우스는 아침에 스스로 깨어납니다. 난방용 따뜻한 공기가 나오기 시작하고 온수가 충분한지 확인합니다. 커피 머신이 알아서 커피를 내리고 오븐도 알아서 시나몬 롤을 굽기 시작합니다. 서재에서는 레이저 프린터가 이 가족이 관심 있는 뉴스를 담은 조간 신문을 알아서 인쇄하기 시작합니다. 스마트폰이나 태블릿 화면으로 뉴스를 보는 미래를 상상하지는 못한 것 같습니다. 가정용 로봇이 집 안을 돌아다니면서 가족들의 잠을 깨웁니다. 사람들이 일어난 다음 침대 시트를 정리하는 일도 로봇의 몫입니다.

아들 자크가 다니는 초등학교 교실은 개인용 컴퓨터와 대형 스크린으로 가득 차 있습니다. 벽과 천장과 바닥이 모두 스크린 역할을 해서 수업과 관련된 내용을 생생하게 보여줍니다. 미술사 숙제를 할 때는 레이저 디스크를 통해서 루브르 박물관 속을 걸어 다니며 작품을 감상하는 효과를 사용합니다. "「모나리자」 시뮬레이션이 너무 훌륭해서 마치 거기에 가 있는 듯한 느낌"을 받습니다. 회사로 출근한 아버지 빌은 상대방을 홀로그램으로 보여주는 특수 안경을 쓰고 런던에 있는 부사장과 3차원 화상 회의를 합니다. 도쿄에 있는 부사장과 컴퓨터로 통화를 할 때는 자동으로 통역이 됩니다. 사실 이 일본 부사장은 미국으로 초음속 비행기를 타고 오는 중이었고, 오늘 저녁을 빌의 집에서 같이 먹기로 합니다. 빌은 집에 있는 스마트 냉장고에 음식거리가 얼마나 남아 있는지 확인하고 필요한 것들을 주문합니다. 저녁 식사를 마친 손님들이 돌아간 후 가족은 스마트 하우스 시스템을 조종해서 불을 끄고, 문을 잠그고, 화재경보기를 켜는 것으로 하루를 마감합니다. 하루 일과를 마친 로봇도 구석으로 가서 스스로 충전을 시작합니다.

하이테크 유토피아적인 전망은 한국에서도 볼 수 있었습니다. 1993년에 열린 대전 엑스포가 그렇습니다. 엑스포에 참가한 많은 기업들이 첨단기술을 가지고 미래에 대한 전망을 제시하고자 했습니다. 럭키금성(LG) 테크노피아관도 그중 하나입니다. 이곳에서는 "테크노피아로 가는 여행Journey to Techonopia"이라는 제목의 영상을 상영했습니다. 이 영상은 관객을 비행체에 태워 2493년의 미래 세계로 데려갑니다. 거기서 관람객은 테크노피아가 외계 침략자의 공격을 받고 있는 것을 목격합니다. 관람객이 탄 비행체는 작은 크기로 줄어들어 테크노피아의 생명유지 시스템 안으로 진입하고, 거기서 시스템을 파괴하려는 침략자를 물리칩니다. 대마왕이 물러가자 테크노피아는 고층 빌딩마다 불을 밝히면서 정상 상태를 회복합니다. 미래 테크노피아의 기술자와 시민 들은 테크노피아를 위기에서 구해준 관람객들에게 감사 인사를 전합니다. 다시 현재로 돌아온 관람객은 "첨단 전자컴퓨터 기술로 만들어가는 꿈과 행복의 테크노피아 세계" 여행을 무사히 마칩니다.[13]

이 영상에서 묘사한 테크노피아에는 사람이 거의 등장하지 않습니다. 마지막에 관람객이 현재로 돌아오는 장면에서 감사 인사를 전하려고 사람 얼굴이 잠시 나오는 것을 빼면 테크노피아 자체의 풍경에는 빌딩과 컴퓨터 시스템밖에 없습니다. "첨단 전자컴퓨터 기술로 만들어가는" 곳이어서 그런지 사람이나 자연의 모습은 보이지 않습니다. 극단적인 테크노와 유토피아를 결합시켜서 만들어낸

13 "Journey to Technopia"(3D Animation, 1993). (https://www.youtube.com/watch?v=XC_JnEOZtBI).

2493년의 미래였습니다. 1993년 당시 테크노피아에 대한 상상을 접했던 관객이 그 이후 미래에 대해 어떤 인식을 가지게 되었는지는 추적하기 어렵습니다. 다만 1993년에 표현되었던 미래 감각이 시간이 지나면서 점차 낡아가는 모습은 살짝 엿볼 수 있습니다. 〈그림 2-7〉은 2013년 여름, 대전 엑스포 20주년 기념 행사 때 LG 테크노피아관의 모습을 찍은 것입니다. 당시 최첨단기술로 구현한 테크노피아를 선전했던 전시관이 불과 20년 후에는 아이들을 위한 과학 체험 시설이나 물놀이 시설로 바뀌어 있었습니다. 또한 전시관 벽의 'Technopia'라는 단어 중 c와 p 안에는 새가 둥지를 틀고 있었어요. 테크노피아관 바로 앞에서 아이들이 뛰어놀기도 하고 방과 후 활동을 하는 모습을 보면 테크노피아의 비현실성을 다시금 생각해보게 됩니다.

인터넷이 등장하고 확산되던 1990년대에는 '사이버 유토피아'가 등장합니다. 로널드 레이건Ronald Reagan 미국 대통령은 1989년에 "전체주의라는 골리앗이 마이크로칩이라는 다윗에게 무너질 것이다"라고 말한 바 있습니다. 냉전 말기에 사람들이 실감하던 전자기술의 힘을 상징적으로 말한 것이죠. 그로부터 10년이 지난 1999년에 조지 부시George W. Bush는 대통령 선거 유세 때 이렇게 말합니다. "중국에 인터넷이 퍼진다고 상상해보십시오. 자유

그림 2-7 1993년 대전 엑스포 당시 선보였던 LG 테크노피아관의 2013년 모습(사진: 전치형).

가 어떻게 퍼질지 상상해보십시오." 꼭 존 레넌John Lennon의 노래 「이매진Imagine」 가사처럼 말했죠. 이어 2000년에 빌 클린턴Bill Clinton 대통령은 "중국의 인터넷 검열은 벽에 젤리를 던지는 것과 똑같다"라고 말하기도 했습니다. 즉 인터넷은 확산되고, 자유는 결국 퍼지게 될 것이며, 중국에도 민주주의가 정착되리라는 자유주의 사회의 희망을 표출한 것입니다. 이런 생각들은 사실 진보 진영과 보수 진영을 가리지 않습니다. 정치적 지향과 별 상관 없이 인터넷과 정보통신기술이 사회를 발전적으로 바꿀 것이라고 믿는 것을 볼 수 있습니다.

그렇지만 이런 사이버 유토피아식의 논의에 대한 비판도 많습니다. 벨라루스 출신의 학자이자 논평가 예브게니 모로조프Evgeny Morozov는 2011년에 『넷의 망상*The Net Delusion*』이라는 책을 냈습니다. 이 책의 부제는 "인터넷 자유의 어두운 면"입니다. 인터넷이 얼마든지 검열의 대상이 될 수 있고 억압적으로 변할 수 있다는 점을 강조했습니다. 모로조프는 '디지털 유토피안'들이 인터넷 중심주의에 빠져서, 정치·경제·사회 문제를 고려하지 않은 채 모든 변화가 인터넷을 통해 자연스럽게 발생할 것이라는 어리석은 생각을 하고 있다고 지적합니다.[14]

그의 다음 책 『모든 것을 구원하려면, 여기를 클릭하라

To Save Everything, Click Here』는 '기술 해결사주의technological solutionism'에 빠져 있는 사람들을 비판합니다. 기술 해결사주의는 어떤 문제든 거기에 필요한 기술을 잘 만들어서 해결할 수 있다는 실리콘밸리식 사고방식입니다. 스마트폰 도입 초기에 무슨 일이든 그것을 해결해주는 앱을 개발하려는 생각부터 하던 때를 떠올려보세요. 교통에 문제가 생기면 교통 관련 앱을 만들고, 교육 문제가 심각하다고 하면 또 그것을 해결할 수 있는 기술을 적절하게 개발해서 사용하면 된다는 식이었죠. 모로조프는 사이버 유토피아를 신봉하는 사람들이 근본적인 변화는 가져오지 못한 채 메신저, 페이스북, 트위터 같은 플랫폼을 통해 정보를 공유하고 전파함으로써 문제를 해결할 수 있다는 프레임에 빠져 있다고 비판합니다. 〈그림 2-8〉에서 보듯이 비민주적이고 폭력적인 권력에 대해 트윗을 마구 날리는 것이 제대로 된 저항의 방법은 아니라는 얘기입니다.[15]

하이테크 유토피아, 사이버 유토피아 같은 기술 중심의 미래사회 담론은 기술이 발전하면 자연스럽게 사회도

14 Evgeny Morozov, *The Net Delusion: The Dark Side of Internet Freedom*, New York: PublicAffairs, 2011.

15 Evgeny Morozov, *To Save Everything, Click Here: The Folly of Technological Solutionism*, New York: PublicAffairs, 2014.

그림 2-8　　트위터 혁명(?). 시위 군중이 경찰을 향해 트윗을 던지고 있는 장면을 묘사했습니다(© David Donar).

진보한다는 기술결정론적 믿음에 근거하고 있습니다. 그렇지만 기술과 사회의 관계는 이렇게 단선적이지 않습니다. 기술이 발전해도 사회적 불평등이 증가하는 것처럼 사회의 어두운 면이 더 심화될 수도 있습니다. 인터넷이 확산되면 오히려 권력이 소수에게 집중되는 일이 가속화될 수도 있습니다. 인공지능은 원래 있던 편견이나 차별을 없애는 대신 더 고착시킬 수도 있고요. 그런데 미래를 기술 중심적으로만 생각하면 이런 복잡한 관계들에 주목하지 못할 수 있습니다.

유토피아는 가상현실인가

이번 강의를 마무리하기 전에 미래사회에 대한 시나리오에 왜 '2030년 직장인 김○○ 씨의 하루' 같은 내러티브가 자주 등장하는지에 대해 생각해볼까 합니다. 앞서 1988년에 나온 '2013년의 하루'에 대한 기사를 소개했습니다만, 이런 방식의 미래 전망은 아직도 계속해서 나오고 있습니다. "2020년 나의 하루"(『한국경제』, 2014), "2045년, 은서네 가족의 하루"(「한국인터넷진흥원 발간 미래 보고서」, 2016) 같은 제목을 단 미래 묘사들은 대체로 기술 중심의 미래상을 보여줍니다. 이런 내러티브에서 미래의 주인공은 아침에 로봇이 차려주는 밥을 먹고, 무인 자동차를 타고 편안하게 출근을 하고, 직장에서는 가상현실 기기를 사용해서 회의를 하고, 남은 자질구레한 일들은 인공지능에게 맡기고 퇴근해서, 저녁에는 집에서 개인 맞춤형 뉴스를 보는 식으로 하루를 보냅니다.

이처럼 하루짜리 일상 묘사를 중심으로 하는 기술적 유토피아 내러티브는 사회적 진단과 전망 대신 주로 한 개인의 멋지고 편한 삶의 모습을 내세운다는 특징이 있습니다. 이 사회가 어떻게 돌아가는지를 보여주는 것이 아니라, 내가 뉴스는 어떻게 보고 밥은 어떻게 먹고 친구는 어떻게 만나는지를 강조합니다. 첨단기술이 일상적으로 사용되는 미래의 새로움을 내세우려다 보면 눈에 보이는 것, 손에 잡히는 것을 위주로 미래를 구성하게 됩니다. 보이거나 잡히지는 않지만 사람이 살다 보면 깊이 경험하게 되는 미래사회의 현실은 담아내기 어렵습니다. 그래서 기술 중심의 미래상은 총체적인 현실이라기보다는 머리에 장치를 두르고 감상하는 가상현실의 화면 같습니다. 처음 볼 때는 흥미롭지만 삶의 다른 부분들이나 사회적 맥락과 연결되지 못하기 때문에 개연성이 떨어지지요.

1차 산업혁명 이래 지난 200여 년 동안 미래에 대한 논의에서 기술이 점차 중요한 위치를 차지하게 된 점은 부인할 수 없습니다. 앞으로도 기술은 사람들이 움직이고 소통하고 생산하고 소비하는 방식에 큰 영향을 미칠 것입니다. 하지만 미래 기술과 미래사회를 동일시하는 전망, 기술에 의한 사회 변화의 방향성을 당연시하는 유토피아적 상상에는 한계가 있습니다. 최근의 미래 담론을 주도하고 있는 '4차 산업혁명'도 언제 어떤 방식으로 구현될지 확실하지 않은 기술들을 중심에 놓고 미래사회를 예언한다는 점에서 하이테크 유토피아, 사이버 유토피아의 후속 버전이라고 할 수 있습니다. 디지털 유토피아 또는 인공지능 유토피아라고 부를 수도 있겠습니다. 이런 기술 유토피아의 전망이 취약한 것은 기술이 얼마나 발전할지 불확실하기 때문이기도 하지만, 더 근본적으로는 기술과 사회가 어떻게 얽혀서 미래를 구성할지 쉽게 예측하거나 결정할 수 없기 때문입니다.

3강

기술의 성공을 예측할 수 있는가

2강에서 보았듯이 미래의 유토피아에 대해서 낙관적으로 얘기하는 사람들은 이런 예측의 근거로 기술 발전을 얘기합니다. 이번 3강에서는 기술의 성공에 대해서 얘기를 하고, 다음 4강에서는 기술의 실패에 관해 이야기하고자 합니다. 이 둘은 동전의 양면과 비슷합니다. 우리가 기술의 성공과 실패를 미리 알 수 있는가라는 문제는 미래사회를 얼마나 정확하게 예측할 수 있는가라는 문제와 연결되어 있습니다.

성공하는 기술이란?

어떤 기술이 성공할까요? 혹은 성공하는 기술의 조건은 무엇일까요? 일단 다음 두 가지 조건을 생각해볼 수 있습니다. 1) 지금 우리가 사용하는 기술에 문제가 있다. 2) 그러한 문제를 깔끔하게 해결할 새롭고 더 값싼, 더 효율적인 기술이 나왔다. 이 두 조건이 만족되면 새로운 기술은 오래된 기술을 대체하면서 널리 사용될 것입니다. 예를 들어, 19세기 후반에 에디슨Thomas Edison을 비롯한 여러 발

그림 3-1 클로드 모네, 「저녁 후의 실내」(1868).

명가, 기술자가 개발한 전기기술은 이런 성공적인 기술의 두 조건을 만족시키는 전형적인 사례로 평가되어왔습니다.

〈그림 3-1〉은 인상주의 화가 클로드 모네Claude Monet의 그림 「저녁 후의 실내Interior, after Dinner」입니다. 1868년 작품이니, 전등이 나오기 10년 전에 그려진 그림입니다. 가스등이 방 안에 어두침침하게 켜져 있는 모습이지요. 반면에 〈그림 3-2〉는 1920년에 그려진 노먼 록웰Norman Rockwell의 「환대의 상징은 불빛이다And the Symbol of Welcome Is Light」입니다. 이 그림은 에디슨 전등회사의 홍보를 위해 그려진 것인데, 집 안팎으로 전등 불빛들이 굉장히 밝게 켜져 있는 것을 볼 수 있습니다. 초대한 손님들이 왔을 때 이 밝은 등을 켜는 게 어떤 환대의 상징이라는 것이지요. 여기에서의 전등은 이전의 어두침침한 가스등과 대비되는, 매우 밝은 이미지를 상징합니다.

이 두 이미지는 과거의 기술이 지닌 문제와 이런 문제를 해결한 성공한 기술의 이미지를 잘 보여줍니다. 가스등은 냄새도 나고 어두웠는데, 이런 상황에서 전등이 등장했습니다. 전등은 밝았고, 냄새가 나지 않았습니다. 사람들은 모두 가스등을 버리고 전등으로 교체를 했을까요? 그랬을 거라고 생각하시겠죠? 그런데 문제가 그렇게 간단하

그림 3-2 노먼 록웰, 「환대의 상징은 불빛이다」(1920).

지는 않았습니다. 전등이 나올 무렵에 가스등 기술도 꽤 발달해서 가스등을 켜도 크게 어둡지 않았습니다. 무엇보다 당시 사람들은 어두워지면 활동을 멈추고 잠자리를 준비해야 한다고 생각했고요. 게다가 가스회사들이 호락호락 눈 뜨고 시장을 뺏길 사람들도 아니었습니다. 도시에 거미줄처럼 가스관을 깔기 위해서 큰 투자를 했으니까요. 따라서 에디슨과 같은 발명가들은 전등이 단지 가스등의 문제만을 해결한 기술이 아니라, 새로운 현대 세상에 부합하는 조명이다, 계몽의 상징이다, 밤을 대낮처럼 밝게 비추는 기술이라는 점을 강조했습니다. 즉 전등의 문화적 의미를 새롭게 창조해서 소비자들을 설득하는 데 성공했던 것입니다.[1]

이런 얘기를 하는 이유는 앞에서 얘기한 두 가지 조건, 1) 지금 우리가 사용하는 기술에 심각한 문제가 있으며, 2) 그러한 문제를 깔끔하게 해결할 새롭고 더 값싼, 더 효율적인 기술이 나왔다는 조건이 만족되어도, 이것이 자동적으로 기술의 성공을 보장하지는 않는다는 얘기를 하고 싶어서입니다. 미국에서 1인용 교통수단인 '세그웨이 segway'가 처음 나왔을 때, 도시의 출퇴근 문제를 해결해줄

1 Thomas P. Hughes, *Networks of Power: Electrification in Western Society, 1880~1930*, Baltimore: Johns Hopkins University Press, 1983.

혁명적인 기술이라며 주목을 받았습니다. 그런데 세그웨이를 타고 출퇴근하는 사람들은 보기 힘듭니다. 세그웨이보다 훨씬 더 오래된 기술인 자전거는 아직도 많이 쓰이고 있지만요. 기술 그 자체에 문제가 있다기보다는 어떤 다른 이유에서 이 기술이 받아들여지고 있지 않은 것입니다.

신기술 등장을 예측하기 힘든 세 가지 이유

어떤 기술은 처음 등장했을 때 생각하지 못했던 결과를 낳기도 합니다. 세 가지 이유가 있을 수 있는데요. 첫째는 기술의 숨겨진 용도를 충분히 이해하지 못한 것이고, 둘째는 기술이 가진 다양한 용도를 고려하지 못한 것, 셋째는 기술의 네트워크 효과를 예상하지 못한 것입니다. 기술이 우리의 예상과 다른 결과를 낳을 수 있다는 사실은 기술의 성공을 예측하기 더 어렵게 만듭니다.

인류사를 바꾸었던 혁신적인 발명의 주역들 가운데 자신의 발명이 세상을 바꿀 것이라고 생각했던 사람은 많지 않습니다. 반도체의 전신인 3극 진공관이라는 기술이 있었습니다. 지금은 더 이상 쓰이지 않는 기술인데요, 3극 진공관은 눈으로 보기에는 전구와 크게 다르지 않았습니다. 생긴 것도 비슷하고, 내부에 필라멘트가 들어 있는 모습도 크게 다르지 않고요. 그러나 실제로 하는 일은 전구가 아니라 진공관의 역할이었습니다. 현재는 이 진공관이 트랜지스터로 대체되었기 때문에 우리는 진공관을 더 이상 볼 수 없게 되었지요. 하지만 이 3극 진공관 기술은 20세기 전반기에는 상당히 중요한 기술이었습니다. 라디오라든지 TV라든지 온갖 종류의 전기전자 제품에 사용되었기 때문입니다.

3극 진공관은 미국의 발명가인 리 드포리스트Lee de Forest가 발명해 1906년에 특허를 받았습니다.[2] 당시에는 이를 오디온audion이라고 불렀습니다. 이것의 특이한 점은 약간의 증폭 효과를 낳는다는 것이었습니다. 그는 1911~12년 사이에 자신의 발명품이 매우 뛰어난 신호 증폭 효과를 보이며, 또 연속파를 생성하는 발진을 만들어낸다는 것을 깨달았습니다. 당시 드포리스트는 빈털터리였고 뉴욕에서 사기꾼이라는 죄목으로 쫓기고 있는 처지였는데, 캘리포니아로 도망가서 발명 연구를 하다가 자신의

2 드포리스트가 3극 진공관을 발명하게 된 과정은 Sungook Hong, *Wireless: From Marconi's Black-box to the Audion*, Cambridge, MA: The MIT Press, 2001, Chp. 6 참조.

그림 3-3
자신이 만든
오디온을 살펴보고 있는
드포리스트(1922).

오디온이 이런 흥미로운 특성을 가지고 있음을 알게 된 것입니다. 그는 나중에 이에 관한 특허를 신청했습니다.

돈이 궁했던 드포리스트는 당시의 거대 통신회사 AT&T와 접촉했습니다. 그 간부들과 호텔에서 만나 자기가 만든 이 기술을 보여주고는, 이 증폭 효과를 구매할 용의가 있느냐고 물었습니다. 당시에 AT&T는 뉴욕과 LA 사이에 직통 전화를 놓고 싶었는데 신호가 약해서 전화 연결이 잘 안 된다는 골칫거리를 갖고 있었습니다. AT&T의 엔지니어들은 드포리스트의 오디온 증폭기를 검토해보고 이 새로운 증폭기가 뉴욕과 LA 라인을 개통할 수 있을 정도의 증폭을 가능케 한다는 판단을 내렸습니다. 그리하여 AT&T는 드포리스트의 기술을 살 마음을 먹고 미팅에 나갔지요. AT&T의 입장에서는 50만 달러, 지금의 가치로 치자면 한화로 약 50억 원 정도를 지불할 생각을 하고 미팅에 나갔다고 합니다. 그런데 드포리스트가 제시한 액수는 5만 달러였습니다. 드포리스트는 5만 달러도 굉장히 많이 부른 걸로 생각했다고 합니다. AT&T는 5만 달러를 지급하고 특허권을 구입했습니다. 이렇게 협상을 마무리 짓고 두 계약자는 서로 속으로 쾌재를 부르면서 헤어졌습니다. 이 사례는 발명가 자신도 자기 발명품의 가치를 잘 모르고 있었다는 걸 보여줍니다. 발명가가 자기 발명품의 가치를 원 가치의 10분의 1로 평가절하하고 있었다는 것이지요.

그런데 훨씬 더 흥미로운 사실은, AT&T 역시 그리 똑똑하지 못했다는 것입니다. 50만 달러를 생각하고 갔다가 5만 달러만 주고 증폭 오디온 특허의 독점권을 산 AT&T는 큰 이익을 봤다고 생각했겠죠. 이를 통해 실제로 AT&T는 동부와 서부를 전화선으로 잇는 데 성공합니다. 그런데 이 계약은 3극 진공관을 전화의 증폭기로 사용하는 데에만 한정되어 있었습니다. LA로 도망치기 이전에 드포리스트는 뉴욕에서 아마추어 무선전신가들을 위한 개인 음악 방송국을 운영하고 있었습니다. 이 방송국을 염두에 둔 채로 드포리스트는 무선전신을 위해서 오디온을 사용하는 권리는 자신이 계속 보유하고 싶다는 의견을 표명했습니다. AT&T는 아마추어 라디오 방송쯤이야 애들 장난 비슷한 호사가들의 취미라고 생각하고 별 신경 쓰지 않은 채 이 제안을 흔쾌히 수락했고요. 즉 AT&T는 드포리스트의 특허 중에서 전화의 증폭기와 관련된 부분의 독점 사용권만을 구매하고, 라디오 관련 용도는 드포리스트의 소유권으로 놔둔 것입니다.[3]

이게 1913년에 있었던 일입니다. 그로부터 딱 7년 후, 1920년부터 전 미국에 라디오 방송 붐이 불기 시작합니다. 그러면서 수백 개의 라디오 방송국이 생기고 나아가 수백만 개의 개인 라디오가 만들어집니다. 그리고 이 방송국들은 물론 개인 라디오 하나하나가 모두 드포리스트의 오디온을 발진기와 증폭기로 사용하게 됩니다. 드포리스트의 오디온은 황금알을 낳는 거위가 됩니다.

AT&T와 드포리스트가 계약을 할 1913년 당시만 해도 불과 10년도 되지 않아 라디오 방송국이 숱하게 개국하고, 무선전신(라디오)에서의 사용권을 웃으며 포기했던 AT&T가 땅을 치고 후회하게 되리라는 것을 예견한 사람은 아무도 없었습니다. 발명가 본인이나 대기업 모두 3극

3 홍성욱, 「증폭진공관에 대한 드포리스트와 암스트롱의 특허분쟁의 역사」, 『한국과학사학회지』 제28권 제2호, 2006, pp. 255~96.

진공관이 불과 몇 년 뒤에 갖게 될 혁명적 가치를 온전하게 파악하지 못한 것입니다.

드포리스트의 오디온 사례가 기술의 숨겨진 용도를 파악하지 못해서 그 발전을 예측하지 못한 경우라면, LED 신호등은 기술의 다면성을 고려하지 못한 경우입니다. 기술에는 여러 가지 측면이 존재하기 때문에, 하나의 목적을 달성하기 위해 도입한 기술이 그 목표를 달성하면서 다른 면을 드러내기도 합니다. LED는 전력을 절감하면서도 선명한 색깔의 빛을 만들어내는데요, LED 기술의 처음 적용 대상이 바로 신호등이었습니다. LED로 바꾸면 기존 신호등에 비해 전력을 90퍼센트까지 아낄 수 있고, 선명한 색깔의 신호등이 가능했습니다. 바로 이런 이유로 컬러 LED가 처음 개발된 2009년에 미국의 각 주는 앞다투어 기존 신호등을 LED로 바꾸었습니다.

그런데 겨울이 되면서 예상치 못한 결과가 나타났습니다. 기존 신호등은 전력 소모가 큰 대신에 뜨거워서 겨울 내내 얼어붙지 않았는데, 상대적으로 차가운 LED 신호등은 그 위에 눈이 쌓이자 꽁꽁 얼어붙어 버린 것입니다. 얼음의 무게로 처지면서 망가진 신호등도 많았고, 얼어붙으면서 오작동을 일으키는 경우도 속출했습니다. 2009년 겨울, 미국에서는 이 문제 때문에 수십 건의 사고가 보고되었으며 적어도 한 명이 사망한 것으로 추정됩니다. 신호등을 바꾼 주정부에서는 눈이 올 때마다 사다리차와 청소부를 동원해서 눈을 치우거나, 공기를 뿜어서 눈을 날려버리는 기계를 추가로 설치해야 했습니다. 이런 문제가 생기리라고 예상한 사람은 아무도 없었지요.[4]

자동차가 처음 만들어졌을 때 자동차는 말똥으로 인한 도시 오염 문제를 해결할 '청정기술clean technology'로 각광을 받았습니다. 19세기 후반에 도시가 확장되면서 마차가 도시 교통의 대부분을 담당했는데, 그러면서 거리에서는 말똥이 썩는 냄새가 진동했죠. 이러한 문제를 단숨에 해결할 기술이라며 모든 이들의 환영을 받은 자동차가 새로운 환경 문제를 낳을 것이라고 예상한 사람은 없었습니다. 유조선이 처음 발명되었을 때도 마찬가지였습니다. 사람들은 유조선이 가져다준 수송 혁명만을 주목했지, 그것이 해양 환경오염의 주범이 될 수 있다는 생각은 전혀 하지 못했습니다. 기술에는 이렇게 여러 가지 얼굴이 존재합니다. 하지만 우리가 새로운 기술을 도입할 때는 그중 하

4 캐나다와 같이 추운 나라에서 이는 아직도 심각한 문제가 되고 있습니다. "Cold Light: New LED Lights Don't Melt Snow, So City Crews Out Clearing Traffic Signals," *CBC News*(28 October 2017). (http://www.cbc.ca/news/canada/manitoba/winnipeg-led-traffic-lights-snow-1.4377116).

나만 보는 경우가 태반입니다.

네트워크 기술의 경우도 어떤 기술이 성공할지 예측하기 힘듭니다. 인터넷이 처음 사람들에게 개방되었을 때, 한국에서는 동네 마트들을 인터넷 네트워크로 연결해서 온라인으로 식료품을 구매하면 배달을 해주는 서비스가 시작되었습니다. 한 곳에 없으면 다른 곳에서 물건을 주문할 수 있었지요. 그런데 이 서비스는 정착하지 못하고 사라졌습니다. 또한 인터넷 초창기에는 예전 동창을 찾아주는 '아이러브스쿨'이라는 사이트가 가장 인기 있었는데, 지금은 들어보기도 힘들 겁니다. '아이러브스쿨'은 반짝하더니 자취를 감췄습니다.

전설이 된 프로그램 중에 '냅스터Napster'가 있습니다. 냅스터는 1999년에 나와서 2000년대 초반에 많이 쓰였던 파일 공유 프로그램입니다. 기술의 역사에서 가장 큰 액수의 손해배상이 청구되고 가장 첨예했던 법정 공방이 바로 이 냅스터를 둘러싸고 벌어졌습니다. 냅스터는 다른 사람의 컴퓨터에서 음악 파일을 찾아서 자신의 컴퓨터에 저장해주는 프로그램이었는데요. 음악 애호가들에게는 너무 고마운 프로그램이었지만, 음악 산업 종사자들이 볼 때는 공짜 MP3를 찾아서 공유함으로써 자신들에게 엄청난 손해를 끼친 불법적인 프로그램이었습니다. 결국 냅스터는 소송에서 졌고, 역사의 커튼 뒤로 사라졌습니다. 이 엄청난 폭풍을 불러일으킨 장본인은 숀 패닝Shawn Fanning이라는 젊은 프로그래머였습니다. 그런데 그가 이를 만든 과정을 보면 허탈합니다. 그는 기숙사를 같이 쓰던 동료가 매일 MP3 파일을 찾느라고 시간을 낭비하는 것을 보면서 안타까워하다가, 이를 쉽게 찾을 수 있는 방법을 고안했는데, 이것이 바로 냅스터였습니다. 숀 패닝은 자신이 친구를 위해 만든 냅스터가 순식간에 수백만, 수천만 명의 사람들을 연결시켜주면서, 음악 산업에 가장 큰 위협이 될 줄은 생각하지 못했을 겁니다. 냅스터는 마치 마법과 같이 네트워크를 확장해나갔지요.

'트위터'는 지금 전 세계에서 가장 영향력 있는 SNS 매체 중 하나입니다. 트위터는 이란과 이집트의 혁명을 이끌어낸 매체로도 유명한데요, 그런데 이 트위터의 공동 설립자인 잭 도시Jack Dorsey의 회고를 보면 재밌습니다.

> 트위터는 공허하고 자기도취적인 이기주의자들이 세상에서 가장 의미 없고 멍청한 생각을, 그것을 기꺼이 읽으려는 불쌍한 사람들과 공유하도록 하기 위해서 만들어졌다. 내가 이란 국민들이 정치적 운동과 독재 정권에 대한 투쟁을 외부 세상에 알리기 위해서 이 사랑스러운 발

명품 트위터를 사용한다는 얘기를 들었을 때, 나는 그들이 정말로 아름답고 간단하고, 완벽하게 의미 없는 나의 사랑스러운 발명품을 망쳐버렸다는 사실을 도저히 믿을 수가 없었다.[5]

발명가인 잭 도시 자신도 자신의 발명품이 전 세계적으로 3억 명이 넘는 이용자를 가진 큰 회사로 성장하리라고 생각지 못했던 거죠.

성공한 기술로서의 벨의 전화

지금까지는 기술의 숨겨진 가능성, 기술의 다면성, 기술의 네트워크 효과와 같은 이유 때문에 기술의 성공을 예측하기 힘들다고 이야기했습니다. 그런데 기술의 성공을 예측하기 힘든 경우는 이런 경우에만 국한된 것은 아닙니다. 지금의 관점에서 보면 성공을 쉽게 점쳤어야 했을 기술임

5 Jim Taylor, "Law of Unintended Consequences"(4 February 2011). (http://blog.seattlepi.com/jimtaylor/2011/02/04/law-of-unintended-consequences/).

에도 불구하고, 그 기술이 처음 나왔을 때는 그러지 못했던 경우가 많습니다.

〈그림 3-4〉는 알렉산더 그레이엄 벨Alexander Graham Bell의 첫번째 전화 특허에 실려 있는 그림의 일부입니다. 이 특허에는 그림이 일곱 개 실려 있는데, 그중 페이지 하단에 그려진 일곱번째 그림에 주목할 필요가 있습니다. 나머지 그림들은 전화와는 아무 상관이 없고, 이 그림만이 전화와 직접적으로 관련되어 있습니다. 알렉산더 벨의 이 특허는 여태까지의 기술 특허 중 가장 경제적 가치가 높다고 알려져 있습니다. 그런데 이 특허에는 전신 개량에 대한 논의가 대부분이고, 맨 마지막에 전화와 관련된 이야기가 잠깐 짤막하게만 나옵니다. 왜 그랬을까요? 이 얘기를 하기 위해서는 대체 왜 농아학교 교사였던 벨이 전화 특허를 신청했는가를 이해해야 합니다.

벨이 첫 전화 특허를 냈던 날은 1876년 2월 14일 밸런타인데이였습니다. 신기하게도 엘리샤 그레이Elisha Gray라는 사람도 같은 날에 또 다른 전화 특허를 신청했습니다.[6] 두 개의 전화 특허 신청이 같은 날 접수가 된 것입니다. 접수를 받은 워싱턴의 특허 심의관이 벨과 그레이에게

6 흔히 벨이 먼저 특허를 신청했다고 알려져 있지만, 사실 특허 접수는 그레이가 먼저 했습니다.

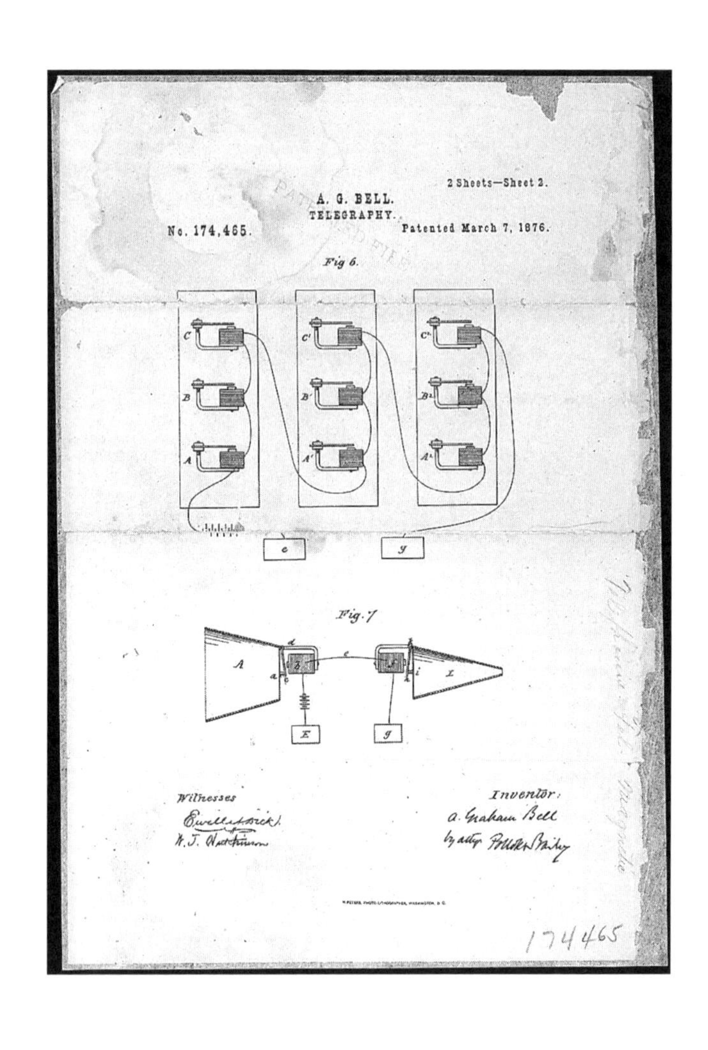

그림 3-4 벨이 1876년 2월 14일에 낸 전신 특허 마지막에 삽입된 전화 그림. 벨이 이 전화에 대한 첫 특허를 제출할 때는 실제로 작동하는 전화가 아니었다고 합니다.

상충되는 특허가 같은 날 접수됐다고 알려줍니다. 그 얘기를 듣고 그레이는 특허를 취하하겠다고 합니다. 그래서 벨의 특허 하나만 남게 된 것이죠. 더 흥미로운 사실은 벨이 이 특허 신청을 했을 때는 전화가 작동이 잘 안 되고 있었던 상태였다는 겁니다. 뭔가 들리기는 들리는데, 또렷한 목소리가 전달되는 상태는 아니었지요. 오히려 그레이의 전화가 성능이 좀더 좋았다고 합니다. 재밌는 것은 그레이는 특허를 취하했고 벨은 취하하지 않았다는 점이죠. 심지어 벨은 그 이후에 더 몰두하여, 어떻게 하면 이 전화의 음질을 개선시킬 수 있을지 연구하기 시작합니다.

원래 벨은 농아들을 가르치는 선생님이었습니다. 그는 귓속의 뼈와 같은 기구를 전화에 이용하면 잘 들리는 전화를 만들 수 있지 않을까 시도해봅니다. 원래부터 귀에 관심이 많았으니까요. 그러다가 갑자기 3월 9일에, 물에다가 바늘을 꽂아놓고 전화 송화기에 설치된 얇은 막을 바늘과 연결시킨 상태에서 목소리에 의해 막이 떨리면서 바늘이 가라앉았다가 떴다가를 반복하는 실험을 합니다. 이러다 보면 회로의 저항이 변하게 되고, 따라서 전류의 세기가 달라집니다. 이런 실험을 하다가, 3월 10일에 자신의 조수인 왓슨이 바로 옆에 있는 줄 알고 "왓슨 씨, 이리 좀 와봐"라고 말합니다. 다른 방에 있던 왓슨은 그 목소리를

12

February 18th 1876

Fig I

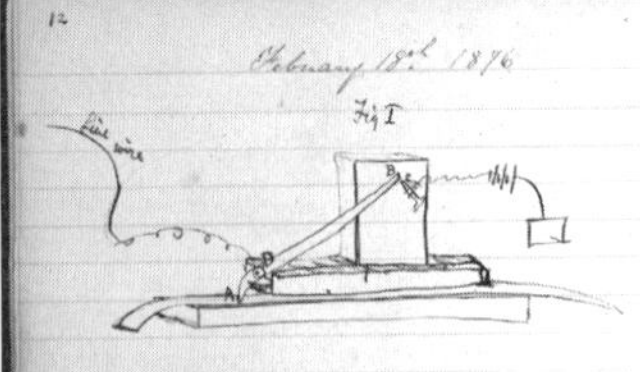

Yesterday Mr Watson suggested a device for a new transmitting style for the Autograph Telegraph. We have tried it this afternoon & it promises complete success. The message is to be written upon ordinary paper with ordinary ink or to be embossed like raised letters for the blind. The end A of the lever A.D.B. is raised when the ink surface passes underneath sufficiently to bring the point B in contact with C.

In the style tried this afternoon the

13

arm DB was 3½ times as long as AD. I propose to make another lever in which DB will be 10 times as long as AD.

Thoughts

Fig 2

Fig 3

Pass undulating current through empty helix H place wire cylinder (C) in one end & listen at the other. Also try whether Manometric Capsule arrangement as in Fig 3 will show any curves.

Make Transmitting Instrument after the model of the human ear. Make armature (a) the shape of the ossicles. Follow out the analogy of nature.

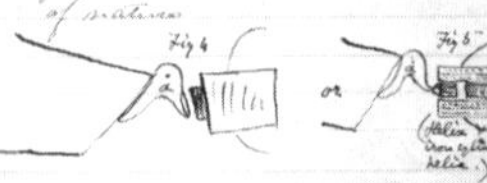

Copied Feb 21st 1876.

38

12. A brass bell (B Fig 11) was substituted for the tuning fork. Ribbon R was inserted also. No sound from M.

Fig 11

13. To test whether the difference of metals used in the last experiment had anything to do with the result — a piece of steel was substituted for the brass ribbon R and the bell B was then rung. No sound from M.

14. Piece of steel substituted for B (Fig 9). Sound as in Experiment 10.

(Thought.)

It seems as if the sound from M (Fig 7 & 9 & 10) was loudest when the metallic surface B Fig 10 is largest and the vibrating surface in contact with the water smallest.

Try the following arrangement. Fasten wire W to stretched membrane.

Notes done 7th by A.G.B.

39

March 9th 1876

Fig I

1. The apparatus suggested yesterday was made and tried this afternoon.

A membrane (m) Fig 1 — was stretched across the bottom of the box (B). A piece of cork (C) was attached to the centre of the membrane (m) forming a support for the wire W which projected into the water in the glass vessel V.

The brass ribbon R was immersed in the water also.

Connections were made as in the diagram (Fig 1).

Upon singing into the box the pitch of the voice was clearly audible from S — which latter was placed in another room. When Mr Watson talked into the box — an indistinct mumbling was heard at S. I could hear a confused muttering sound like speech but could not make out the sense. When Mr Watson counted — I fancied I could perceive the articulations "one, two, three, four, five" — but this may have been fancy — as I knew beforehand what to expect. However that may be I am certain that the inflection of the voice was represented 1 2 3 4 5.

Noted March 9th by A.G.B.

G.G.H.

40

March 10th 1876

Fig 1.

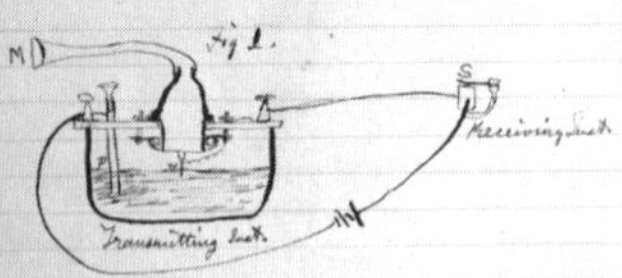

1. The improved instrument shown in Fig. I was constructed this morning and tried this evening.

P is a brass pipe and W the platinum wire M the mouth piece and S the armature of the Receiving Instrument.

Mr Watson was stationed in one room with the Receiving Instrument. He pressed one ear closely against S and closed his other ear with his hand. The Transmitting Instrument was placed in another room and the doors of both rooms were closed.

I then shouted into M the following sentence: "Mr Watson — Come here — I want to

41

see you". To my delight he came and declared that he had heard and understood what I said.

I asked him to repeat the words — He answered "You said 'Mr Watson — come here — I want to see you'." We then changed places and I listened at S while Mr Watson read a few passages from a book into the mouth piece M. It was certainly the case that articulate sounds proceeded from S. The effect was loud but indistinct and muffled.

If I had read beforehand the passage given by Mr Watson I should have recognized every word. As it was I could not make out the sense — but an occasional word here and there was quite distinct. I made out "to" and "out" and "further"; and finally the sentence "Mr Bell Do you understand what I say? Do — you — understand — what — I — say" came quite clearly and intelligibly. No sound was audible when the armature S was removed.

그림 3-5 벨의 발명의 진화 과정이 담긴 메모의 일부.

듣고 벨에게 왔고요. 결국 벨은 또렷한 목소리를 전달하는 데 성공했고, 두번째 특허를 출원하게 됩니다. 이 두 특허를 통해 그는 오랫동안 미국의 전화 산업을 독점하게 되었습니다. 이 중요한 산업을 선점하게 된 것이죠.[7]

역사학자들이 관심을 갖고 궁금해했던 것은, 왜 벨이 귀의 뼈 비슷한 것을 가지고 실험을 하다가 갑자기 실험 내용을 바꿔서 뜬금없이 액체를 가지고 실험을 시작했느냐 하는 것입니다. 그런데 그레이의 발명 중 하나가 물속에 바늘을 꽂고 거기에 대고 말을 하는 것이었습니다. 그래서 사람들의 관심은 벨이 그레이의 아이디어를 훔쳤는가에 쏠렸습니다. 사실은 벨과 그레이의 특허가 상충된다고 얘기했던 심의관이 그레이의 특허 내용을 벨에게 들려주었던 겁니다. 그런데 이런 사실을 특허 심의관도 얘기하

7 전화 발명에 대한 역사적 사실들은 다음을 참조. Alexander Graham Bell, "Researches in Telephony," *Proceedings of the American Academy of Arts and Sciences*, vol. 12, Boston: John Wilson & Son, 1877, pp. 1~10; Bernard S. Finn, "Alexander Graham Bell's Experiments with the Variable-Resistance Transmitter," *Smithsonian Journal of History*, vol. 1, no. 4, 1966, pp. 1~16; Michael E. Gorman, "Mind in the World: Cognition and Practice in the Invention of the Telephone," *Social Studies of Science*, vol. 27, no. 4, 1997, pp. 583~624; Michael E. Gorman & W. Bernard Carlson, "Interpreting Invention as a Cognitive Process: The Case of Alexander Graham Bell, Thomas Edison, and the Telephone," *Science, Technology, & Human Values*, vol. 15, no. 2, 1990, pp. 131~64.

고 벨도 얘기를 했습니다. 벨이 이를 숨겼던 것은 아니라는 말이죠. 그 이유 중 하나는 이 둘이 액체 가변저항을 사용한 방식에서 약간의 기술적 차이가 있기 때문입니다. 그레이는 바늘을 물속에 좀더 깊이 담가서 바늘 끝과 바닥 사이의 저항 값의 변화를 이용했고, 벨은 바늘을 상대적으로 얕게 담가서 바늘과 물 표면 사이의 전기 저항의 변화를 이용했다는 차이가 있었습니다. 그런데 벨과 그레이의 차이가 이것이 전부였을까요?

아닙니다. 이보다 훨씬 더 중요한 차이가 있었습니다. 그레이는 전신회사인 웨스턴 일렉트릭의 전기기사를 지냈던 유명한 엔지니어였습니다. 그는 전신에 대해서는 전문가였지요. 당시 전신 엔지니어들이 '꿈의 기술'이라고 생각한 기술이 '다중전신multiple telegraphy'이었습니다. 하나의 전신선을 이용해서 10개, 20개의 다른 메시지를 전송할 수 있는 시스템이지요. 그레이는 이 다중전신을 개발하다가 전화를 만들게 된 것입니다. 우연히 전화를 발명했지만, 전화가 목적이 아니었다는 얘기지요.

반면 벨은 원래 엔지니어가 아니었고 농아학교 선생님을 하던 사람이었습니다. 그러다가 그 학교의 학생과 사랑에 빠집니다. 당시로서도 좀 파격적이기는 했지요. 둘이 열 살 차이였으니까요. 그 여학생은 메이블 허버드Mabel

Hubbard라는 학생이었습니다. 그런데 메이블의 아버지 가드너 허버드Gardiner Hubbard가 유명한 변리사이자 사업가였습니다. 과학과 자연을 사랑해서 미국 '내셔널지오그래픽 학회'의 첫 회장을 지내기도 했지요. 자신의 딸이 가난한 학교 선생님과 사랑에 빠졌다는 걸 알게 된 그는 딸이 귀가 들리지 않는 핸디캡도 있고 해서 결국 둘을 맺어주기로 결심하는데, 벨에게 조건을 하나 겁니다. 다중전신을 발명하라는 것이 그 조건이었습니다. 그래서 벨이 엉뚱하게도 전신 발명에 뛰어들게 된 거예요.

농아학교 선생님이었던 벨은 사람이 말을 하고 듣는 데 관심이 많았던 사람입니다. 그래서 다중전신을 발명하면서 말하고 듣는 기계, 즉 전화를 같이 만듭니다. 그래서 벨의 첫 특허는 전화에 대한 특허가 아니라 전신에 대한 특허였습니다. 벨의 특허 마지막에 전화 얘기가 포함되어 있다는 것을 발견한 가드너 허버드는 이 부분을 빼라고 합니다. 그렇지만 벨이 끝까지 고집을 해서 이 전화에 대한 내용을 빼지 않고 1876년 2월 14일에 특허를 신청했던 겁니다. 벨은 다중전신보다 전화가 세상을 바꾸는 기술이 될 것이라는 믿음을 가지고 있었습니다.

그런데 이 특허를 담당하게 된 심의관이 우연히 같은 날 접수된 벨과 그레이의 특허가 상충된다는 판단을 하고,

이를 둘에게 통보합니다. 진짜 흥미로운 얘기는 여기서부터 시작됩니다. 이 얘기를 듣고 그레이는 "장난감을 놓고 특허를 다투는 것은 어리석다"고 생각해서 별 미련 없이 자신의 특허 신청을 취소합니다. 취소하지 않으면 법정으로 가는 건데, 법정에서 다툴 필요가 없다고 생각한 것이지요. 그레이는 이 결정을 평생 후회했다고 알려져 있습니다. 그러나 원래부터 목소리를 전달하는 데 관심이 있었던 벨은 특허를 취소하지 않았습니다. 오히려 이 얘기를 듣고 전화 연구에 박차를 가해서 3월 10일에 드디어 또렷한 목소리를 전달하고 듣는 데 성공합니다.

두번째 특허를 낸 벨은 1876년 7월에 열린 필라델피아 박람회에서 자신의 전화를 전시합니다. 어떤 책에서는 사람들이 구름 떼처럼 모여서 관심을 가졌다고 하는데, 사실이 아닙니다. 채 10명도 관심을 갖지 않았습니다. 당시는 전신 서비스가 매우 효율적으로 이루어지던 시기였습니다. 사람들은 별다른 불편함 없이 전신을 통해 소통하고 있었기에, 굳이 전화기를 통해 목소리를 주고받을 절박한 이유가 있느냐고 생각한 것입니다. 어차피 전신은 직장을 다니는 남성들이 비즈니스용으로 쓰는 것이었고, 메신저보이messenger boy라고 불리는 10대 소년들이 심부름꾼처럼 전신 메시지를 전달해주는 시스템이 잘 갖추어져 있었습니다. 급한 경우에는 집에서도 메시지를 보내고 받을 수 있었고요. 당시 사람들이 필요로 하던 기술은 전신을 개량한 다중전신이었지 전화가 아니었던 것입니다. 전신 전문가였던 그레이는 이런 이유 때문에 전화 특허를 놓고 다툴 필요가 없다고 생각했던 거죠.

반면에 벨은 전화가 새로운 세상을 열 것이라고 확신했습니다. 허버드는 벨의 특허를 웨스턴 일렉트릭에 10만 달러에 팔겠다고 제안했지만, 웨스턴 일렉트릭은 관심을 보이지 않았습니다. 벨은 특허를 가지고 '벨 전화회사Bell Telephone Company'를 차려서 사업을 시작합니다. 나중에 수백 조 규모의 산업으로 커졌던 전화의 역사는 이렇게 아무 주목도 받지 못한 채로 시작했던 것입니다.

신기술에 대한 시장조사가 불가능한 이유

만약 당시에 전화에 대한 시장조사를 했으면 어땠을까요? 대부분 필요 없다고 얘기했을 겁니다. 기존의 전신기술로도 정보 전달을 잘 하고 있는데 왜 굳이 목소리를 들으면서 소통을 해야 하느냐, 전기선을 통해서 목소리를 멀리 떨어진 곳에 전달할 필요가 있겠는가라는 답이 대부분이었을 것입니다. 이것이 당시 전신 전문가였던 그레이, 전신 산업을 지배하던 웨스턴 일렉트릭이 전화의 가치를 인식하지 못했던 이유였습니다.

왜 전화와 같은 혁신적인 기술에 대한 시장조사가 불가능할까요? 폴라로이드 카메라를 발명했고 폴라로이드사의 CEO를 지낸 에드윈 랜드Edwin Land는 "시장조사는 당신의 제품이 썩 좋지 못할 때 하는 것이다"라고 말했습니다. 그는 "모든 중요한 발명은 반드시 놀라운 것이어야 하고, 그것에 대해 준비를 하고 있지 않은 세상에 던져지는 것이다"라고도 말합니다. "만약 세상이 그것에 대해 준비를 하고 있었다면, 그것은 대단히 중요한 발명이라고 볼 수 없다"는 얘기지요. 예를 들어 전화, 폴라로이드 카메라 같은 것이 이런 중요한 발명들이었지요.

랜드에게는 세 가지 경영 원칙이 있었습니다. 첫째, 진정한 기업은 인문예술과 과학의 교차점에 존재해야 한다는 것입니다. 둘째, 이상적인 기업은 경영자와 상상가dreamer들로 구성된다는 것입니다. 후자를 보호하는 것이 전자의 임무입니다. 셋째, 사실들이 드러나고 그것들이 당신이 예상한 것이 아닐지라도 손을 뻗쳐서 그것들을 잡고 끌어안아야 한다는 것입니다. 랜드를 다른 어떤 기업가보다 높게 평가했던 젊은 기업가가 있었습니다. 그는 이렇게 말했지요. "이 사람[에드윈 랜드]은 국가의 보배다. 나는 왜 이런 사람이 모델로 떠받들어지지 않는지 이해할 수 없다. 그는 가장 놀라운 존재다. 우주인이나 풋볼 선수가 아니라 바로 그가 국가의 보배로 떠받들어져야 한다."

이런 평가를 내린 사람은 바로 스티브 잡스Steve Jobs입니다.[8] 잡스는 랜드를 존경했고, 랜드를 만나러 가는 것이 마치 "신전에 가는 기분"이라고 할 정도였습니다. 잡스는 기업이 인문예술과 과학의 교차점에 존재해야 한다는 랜드의 경영철학을 100퍼센트 수용해서 이를 애플의 철학으로 삼았습니다. "기술만으로는 충분하지 않다는 것이 애플의 DNA다. 우리의 심장을 노래하게 한 결과를 낳은 것은 인문예술과 결합한 기술, 인문학과 결합한 기술이다. PC 이후의post-PC 기기들에서 이는 너무나 분명하다."

잡스는 혁명적인 기술에 대해서는 시장조사가 불가능하다는 랜드의 철학을 이어받았습니다. 실제로 스티브 잡스는 랜드를 만난 자리에서 이렇게 얘기한 적이 있습니다.

8 잡스에게 미친 랜드의 영향에 대해서는 Christopher Bonanos, "The Man Who Inspired Jobs," *New York Times*(7 October 2011). (https://www.nytimes.com/2011/10/07/opinion/the-man-who-inspired-jobs.html) 참조.

계산기만을 사용하던 사람에게 내가 '매킨토시 컴퓨터가 어떠해야 하는가'를 물었다면, 그는 아마 대답조차 할 수 없었을 겁니다. 매킨토시 컴퓨터에 대해서 소비자 조사를 할 수 있는 방법은 없었습니다. 그래서 그냥 만들었고, 사람들에게 보여주었고, 사람들이 어떻게 생각하는지는 나중에 알게 된 거죠.

1984년 1월에 매킨토시 컴퓨터가 출시되자, 이를 출시한 애플의 스티브 잡스에게 『포퓰러 사이언스*Popular Science*』지의 기자가 이런 컴퓨터의 시장이 있는지, 그것을 알기 위해 어떤 조사를 했는지를 물었습니다. 그에 대한 잡스의 대답은 이랬습니다. "알렉산더 벨이 전화를 발명하기 전에 시장조사를 했나요?"

저는 벨, 랜드, 잡스에게서 발견되는 어떤 능력을 '테크노 이매지네이션techno-imagination'이라고 부르고 싶습니다. 기술에만 국한된 비전이 아니라, 기술이 바꾸는 세상에 대한 상상! 기술에 대한 비전뿐만 아니라 발명이 새로운 역할을 하게 되는, 미래 세상에 대한 비전 말입니다. 잡스는 매킨토시 컴퓨터를 만들 때 자신의 컴퓨터가 IBM 같은 공룡 회사의 대형 컴퓨터를 무력화하는 세상을 꿈꿨습니다. 기존의 세상에 그저 새로운 컴퓨터를 던져놓는 것이 아니라, 그것이 바꾸는 세상에 대한 비전이 함께 등장한다는 것이지요. 물론 잡스가 꿈꾸던 이 비전이 얼마나 실현되었는지에 대해서는 논란이 있습니다. 그렇지만 그가 1960년대부터 태동했던 컴퓨터 해커들의 미래사회에 대한 평등주의 비전을 공유했고, 이런 비전을 개인용 컴퓨터 개발을 통해서 구현하려고 했다는 데는 이견이 없습니다. 저는 한국의 발명가들에게도 이런 상상이 필요하다는 점을 말하고 싶습니다.

스티브 잡스는 2010년 아이패드를 출시하면서 한 인터뷰에서 똑같은 얘기를 합니다. "소비자들이 이와 비슷한 것을 본 적이 없는 상황에서는 그들이 무엇을 원하는지 얘기할 수 없다." 무엇을 원하는지 비교할 게 있어야 원하는 게 뭔지 알 수 있었을 텐데요. 결국 잡스는 소비자들이 원하는 것을 알아내기 위해서 그의 '테크노 이매지네이션'을 사용할 수밖에 없었던 것입니다. 이는 사실상 우리가 인문학에서 상상의 역할이라고 부르는 것과 다르지 않습니다.

노스럽 프라이Northrop Frye라는 캐나다의 유명한 문학비평가가 있습니다. 그는 다음과 같이 말했습니다. "우리의 일상생활에서 상상력의 가장 중요한 역할은 우리가 살아가야만 하는 사회로부터 실제로 우리가 살고 싶어 하는 세상과 그 세상에 대한 비전을 만들어내는 것이다." 이게 인문학의 상상력이라는 겁니다. 왜 우리가 인문학을 배우고, 문학작품을 읽고, 시를 읽고, 철학작품을 공부하는 걸까요? 결국 우리가 사는 이 세상만이 전부가 아니라 좀 더 나아간 세상, 더 좋은 세상을 꿈꾸고 이에 대한 비전을 이끌어내는 힘이 바로 문학, 예술, 철학 등 인문학에 있기 때문입니다.

위대한 엔지니어들이나 위대한 발명가들은 이런 상상력의 소유자들입니다. 위대한 엔지니어들은 가변저항을 사용하기 위해서는 바늘을 유체에 깊게 담글 것인가 얕게 담글 것인가만을 따지는 사람이 아니라, 멀리 떨어져 사는 어머니와 딸이 전화를 붙잡고 수다를 떨 때 이루어지는 그런 미래사회에 대한 비전을 가지고 있는 사람이라는 것입니다. 벨은 비즈니스맨도 아니고 엔지니어도 아닌, 조그만 학교에서 농아들을 가르치는 선생님이었지만, 그런 '비전'을 가지고 있었습니다. 에드윈 랜드, 스티브 잡스도 새로운 세상을 꿈꿨던 사람이었습니다. 새로운 기술을 매개로 상상에서만 존재하던 세상을 실제 세상으로 탈바꿈시킨 것이지요.

제록스사 팔로알토 연구소에서 컴퓨터 엔지니어로 일했던 앨런 케이Alan Kay는 1970년대 중반에 최초의 개인용 컴퓨터, PC라고 볼 수 있는 '알토Alto'를 개발했습니다. 제록스사는 알토의 미래를 꿰뚫어보는 데 실패했고, 이 디자인과 운영체계는 이후 스티브 잡스의 애플사에 의해 채택되었습니다. 앨런 케이는 알토의 새로운 운영체계인 '스몰토크SmallTalk'라는 프로그램 또한 개발했는데요. 놀랍게도 스몰토크는 그래픽 유저 인터페이스Graphic User Interface를 사용했던 운영체계였습니다. 그때 이미 마우스를 가지고 커서를 스크린 위에서 이동시키면서 클릭할 수 있게 한 겁니다.

케이가 한 말 중에 이런 말이 있습니다. "미래를 예측하는 가장 좋은 방법은 미래를 발명하는 것이다." 벨의 전화, 랜드의 폴라로이드 카메라, 잡스의 아이폰과 아이패드가 나올 것이라고 예측한 사람은 아무도 없었습니다. 기존에 시장이 있어서 이런 놀라운 발명품들이 만들어진 것도 아니었습니다. 심지어 처음 시장에 나왔을 때도, 많은 이들은 이런 신기술이 세상을 바꿀 것이라고는 생각하지 않았습니다. 이런 신기술을 사용하는 시장이 열릴 것이라고는 생각지도 못했지요. 그렇지만 새로운 기술은 새로운 시장, 새로운 소비자, 새로운 사회를 만들어냅니다. 예측하지 못한 방식으로요.

이런 이유 때문에, 기술의 발전이 미래에 어떤 사회를

만들어낼 것인가를 예측하기 어렵습니다. 기술의 잠재력, 기술의 다면성, 기술의 네트워크성 때문이기도 하지만, 근본적으로 혁신적인 기술은 우리의 예상을 깨고, 우리의 탄성과 놀람을 자아내면서 등장하기 때문입니다. 미래의 큰 변화는 항상 예기치 못한 놀람이 커져서 만들어집니다. 미래는 이렇게 예측 불가능하기 때문에 흥미로운 것입니다.

4강

기술은 언제 실패하는가

“실패는 성공의 어머니”라는 경구는 기술의 발전을 서술할 때 자주 사용되는 문구입니다. 그만큼 기술의 실패는 흔한 것입니다. 기술은 성공해도 사업이 실패해서 기술적 확산을 이루지 못한 경우도 있고, 아주 잘 만든 기술이 소비자의 거부로 실패한 기술이 되는 경우도 있으며, 성공적이었던 기술이 예상치 않게 등장한 신기술 때문에 갑자기 실패한 기술이 되는 경우도 있습니다. 혁신을 도모하는 기업과 정부의 입장에서는 실패에 대응하는 일이 점점 더 힘들어지는 것은 물론입니다.

기술의 실패 역시 미래에 대한 우리의 예견과 밀접하게 연관되어 있습니다. 우리는 특정한 기술이 성공해서 널리 쓰일 것이라고 생각하고, 이에 근거해서 미래를 설계합니다. 그런데 이 기술이 예기치 않았던 이유로 실패할 경우에는 우리의 예측 역시 빗나가게 됩니다. 이번 4강에서는 기술의 실패가 기술의 성공만큼이나, 아니 기술의 성공보다 더 빈번하게 발생하는 현상이며, 이를 미리 짐작하기도 매우 힘들다는 점을 살펴보려 합니다.

기술의 실패란 무엇인가

20세기 중엽까지만 해도 '기술'과 '실패'는 잘 어울리는 조합이 아니었습니다. 기술은 인류의 진보와 성공을 상징하는 것이었기 때문입니다. 1933년 시카고 박람회에서 내건 "과학은 발견하고, 산업은 응용하고, 인간은 순응한다"라는 표어는 기술에 대한 이런 낙관적인 생각을 아주 잘 담아내고 있었습니다.[1] 사람들이 기술의 실패에 주목하게 된 것은 기술에 대한 비관론이 풍미했던 1960년대 이후였습니다. 베트남 전쟁과 환경오염 문제를 겪은 뒤에 발생한 스리마일 원전사고(1979), 인도의 보팔 참사(1984), 체르노빌 원전사고(1986), 챌린저호 폭발사고(1986)처럼 전 세계인의 이목을 집중시켰던 거대한 기술적 참사는 기술이 실패할 수도 있다는 인식에 한몫을 했습니다. 성수대교 붕괴(1994)와 삼풍백화점 붕괴(1995), 세월호 참사(2014) 등을 목격한 우리에게도 '기술의 실패'라는 말은 낯설지 않습니다.

공학자이자 저술가인 헨리 페트로스키Henry Petroski가

1 Cheryl R. Ganz, *The 1933 Chicago World's Fair: A Century of Progress*, Champaign: University of Illinois Press, 2008.

쓴 『종이 한 장의 차이*Success through Failure*』라는 책이 있습니다. 엔지니어들은 모델을 만들고, 실험을 하고, 수학적 계산을 하는 등, 구조물에 대해서 통상 보수적인 태도를 취합니다. 그런데 이 책에서 페트로스키는 자신들이 만든 구조물이 잘 버티면 엔지니어들이 더 과감한 시도를 하는 모습을 보여줍니다. 다리 상판을 좀더 얇게 만들어본다든지, 교각 사이의 길이를 늘려본다든지 하는 것이지요. 그러다가 다리나 건물이 무너지는 실패를 맛봅니다. 그러면 다시 좀 보수적으로 하다가, 또 모험을 하는 식입니다. 이렇듯 페트로스키는 기술의 발전에는 실패가 아주 중요한 역할을 한다고 주장합니다. 건축 디자이너 루이스 설리번Louis Sullivan의 "형태는 기능을 따른다form follows function"라는 유명한 말을 빗대 페트로스키는 "형태는 실패를 따른다form follows failure"라고 말합니다. 실패의 긍정적인 영향을 지적한 것이지요.[2]

그런데 여기서 말하는 실패의 대부분은 다리나 건물 붕괴, 비행기 폭발, 원자력발전소의 방사능 누출과 같이 주로 사고accident나 참사disaster에 해당되는 것들입니다. 한편 기술에 관심을 갖는 사람들은 이러한 형태의 참사보

2 헨리 페트로스키, 『종이 한 장의 차이: 모든 것은 언제나 개선의 여지를 남긴다』, 문은실 옮김, 웅진지식하우스, 2008.

그림 4-1　　기술의 성공과 진보를 극명하게 보여준 시카고 세계 박람회(1933)의 포스터.

다 일상적인 실패를 더 이해하고 싶어 합니다. 예를 들어, 왜 열심히 개발해서 시장에 내놓은 기술이 성공하지 못하고 실패하는가? 왜 경쟁하는 두 기술 중에 어떤 기술은 성공하고 다른 기술은 실패하는가? 왜 역사의 커튼 뒤로 사라진 실패한 기술이 오랜 시간이 지난 뒤에 다시 등장하는가? 이런 질문에 대한 답을 궁금해한다는 것이지요.

그러나 시장 속에서 경쟁하는 일상적인 기술의 실패를 이해하는 것 역시 쉬운 일은 아닙니다. 무엇보다도 실패나 성공이라는 것은 시간, 공간, 범위상으로 조건 지어진 개념이기 때문입니다. 즉, 얼마나 오래, 얼마나 광범위하게 사용되어야 '기술의 성공'이라고 규정할 수 있으며, 얼마나 사장될 때 실패라고 얘기할 수 있는지의 기준을 정하기란 쉽지 않습니다. 어떤 기술이 시장에 나오지 못해도 실패이고, 시장에 나왔지만 사람들이 많이 사용하지 않아도 실패이고, 또 시장에 나와서 잘 사용됐지만 다른 기술과의 경쟁에 져도 실패이기 때문입니다. 심지어 많이 사용해서 상업적으로는 성공했지만, '기술적으로는' 실패했다는 평가를 받는 기술도 있습니다.

터치스크린 기술은 1971년에 군사용으로 개발되었지만 거의 사용되지 않다가 2000년대 이후에 대중적으로 각광을 받았습니다. 이 경우는 거의 죽었던 기술이 부활한 경우인데, 어느 시점을 기준으로 잡느냐에 따라 터치스크린 기술은 성공한 기술로도 볼 수 있고 실패한 기술로도 볼 수 있습니다. 또한 동일한 기술에 대해서도 성공과 실패에 대한 평가가 엇갈리기도 합니다. 일례로 인터넷이 광범위하게 사용되기 이전에 프랑스 정부가 주도해서 전산망 미니텔Minitel을 개발해 보급한 적이 있습니다. 이 미니텔이 성공이냐 실패냐를 두고 역사학자들 사이에 의견이 갈립니다. 어떤 사람은 인터넷이 도입되기 이전에 사람들을 소통하게 해주는 기능을 했기 때문에 이를 성공한 기술로 봅니다. 그런데 다른 사람은 프랑스가 미니텔 때문에 인터넷 도입이 늦어져 경쟁력을 잃게 되었고, 이런 의미에서 실패한 기술이라고 평가합니다. 어떤 면을 보는가에 따라 성공이냐 실패냐가 나뉜다고 볼 수 있습니다.[3]

3 Hugh Schofield, "Minitel: The Rise and Fall of the France-Wide Web," *BBC News*(28 June 2012). (http://www.bbc.com/news/magazine-18610692).

실패를 예측할 수 있는가

기술의 성공과 마찬가지로 기술의 실패에서도 예기치 못한 결과가 나올 때가 많습니다. 예를 들면 '콩코드' 같은 경우가 그렇습니다. 콩코드 기술은 현재 사라져버렸습니다. 기술적으로는 성공이었습니다. 다른 여객기는 음속을 넘지 못했지만 콩코드는 초음속의 비행기로서 여러 기술적인 문제들을 넘어섰고 대서양을 세 시간대에 주파할 수 있었습니다. 다만 소음 등의 문제로 규제가 많이 따랐지요. 그래서 콩코드의 몰락은 규제 때문이라는 얘기가 많았습니다. 그런데 콩코드의 역사를 살펴보면 규제나 운행이 안정화되었을 때 탑승객이 줄기 시작했다는 것을 알 수 있습니다. 즉 초음속 비행이 안정권에 접어들었다 생각될 즈음에 갑자기 수요가 확 줄어든 것입니다. 왜 그랬을까요?

이를 설명하는 흥미로운 가설은 노트북 보급이 원인이라는 것입니다. 도대체 노트북과 초음속 비행기가 무슨 상관이 있었던 걸까요? 일단 이 초음속 비행기는 탑승 가격이 매우 비쌌습니다. 그래서 콩코드를 타는 승객들의 대부분은 기업의 간부들이었습니다. 이들은 대서양을 건너는 데 걸리는 일곱 시간을 세 시간대로 줄이기 위해서 값

그림 4-2 1969년 3월 2일 첫 비행에 나선 콩코드.

비싼 콩코드를 이용했습니다. 시간이 돈인 사람들이니까요. 그런데 노트북이 대중화되고 간편화되면서 비행기 안에서도 일을 할 수 있게 되었습니다. 그러니 굳이 몇 시간 줄이려고 서너 배 비싼 이 비행기를 탈 이유가 없어진 거죠. 콩코드의 몰락에 관한 설명 중 가장 재미있고 설득력 있는 해석이라고 생각합니다. 이처럼 기술은 전혀 예상치 않았던 엉뚱한 요인 때문에 실패하는 경우도 있기 때문에 기술의 실패를 예측하기란 무척 어렵습니다.[4]

이리듐 프로젝트Iridium Project라는 것이 있었습니다.

4 마티아스 호르크스, 『테크놀로지의 종말: 인간은 똑똑한 기계를 원하지 않는다』, 배명자 옮김, 21세기북스, 2009.

상당히 도전적인 기술이었는데요. 1990년대 말 지구 위에 정지 상태의 위성 66개를 띄우는 프로젝트였습니다. 이 위성들은 지구와 같은 속도로 회전하게 되는데요, 이를 통해 전 지구를 하나의 네트워크로 덮어서 단일 통신망을 구축하고자 한 것입니다. 이리듐에 가입한 사람들은 전 세계 어디서든 전화를 쓸 수 있게 된다는 거지요. 불과 십수 년 전만 해도 외국으로 휴대폰을 가지고 여행을 가는 게 얼마나 힘들고 불안한 일이었는지 몰라요. 통신이 된다 했는데 되지 않는 일이 비일비재했고, 기존과 다른 번호로 써야 하는 등 여러 가지 불편한 문제가 있었습니다. 전화를 자주 써야 하는 회사 임원들은 발을 동동 구르곤 했지요. 이리듐 프로젝트는 이런 사람들을 위한 것이었습니다.

그런데 이 프로젝트가 거의 3조 5천억 원이나 되는 돈을 썼고, 여러 난제를 극복하면서 기술적으로는 대성공을 거두었지만, 결국 사업 자체는 망했습니다. 위성까지 다 띄웠는데 말입니다. 이후 이 위성들은 어느 항공사에 아주 헐값으로 팔렸습니다. 그런데 인공위성도 다 띄운 프로젝트가 왜 망했을까요? 이유는 같은 시기에 휴대폰의 해외 로밍 서비스 비용이 싸지고 이용도 간편해졌기 때문입니다. 특별한 불편함 없이 기존의 휴대폰을 가지고 세계 곳곳에서 다 쓸 수 있게 된 거죠. 지금은 외국 여행할 때 로

밍하는 게 그리 불편하지 않잖아요? 이리듐 프로젝트를 계획하고 추진한 사람들은 휴대폰의 국제화가 그렇게 빨리 진행될 줄은 예측하지 못했던 겁니다.[5]

실패한 기술 중에 항상 나오는 예가 앞 장에서도 짧게 언급한 '세그웨이'입니다. 세그웨이는 2001년에 언론의 화려한 조명을 받으며 미래를 위한 혁명적 교통수단으로 등장한 1인용 전기 이동수단입니다. 스티브 잡스는 세그웨이가 "PC보다 더 위대한 발명"이라고 얘기했죠. 초기 웹브라우저였던 넷스케이프에 투자했던 존 도어John Doerr도 "세그웨이는 인터넷보다 더 커질 것"이라고 얘기했고요. 세그웨이의 발명자 딘 케이멘Dean Kamen은 자동차가 말을 대체했듯이 세그웨이가 자동차를 대체해서 곧 세그웨이의 세상이 올 것이라고까지 말했어요. 전기로 작동되는 세그웨이는 온실가스를 배출하지 않으니 얼마나 깨끗하겠어요.

그렇게 여러 사람들이 좋은 전망을 내놓았는데, 지금 세그웨이를 볼 수 있는 곳은 유원지 정도입니다. 왜 실패

5 Martin Collins, "One World... One Telephone: Iridium, One Look at the Making of a Global Age," *History and Technology*, vol. 21, no. 3, 2005, pp. 301~24. 이리듐을 구매한 항공사는 이를 이용해서 기내 와이파이 서비스를 제공하고 있습니다.

했을까요? 이에 대해서도 해석이 많습니다. 일단 한 가지 문제는 세그웨이의 속력이 20킬로미터였다는 것입니다. 그럼 인도로 다니지 못합니다. 그렇다면 차도로 가야 하는데 차도에는 이미 자동차라는 막강한 '포식자'가 있었습니다. 차도로 가면 세그웨이라는 교통수단은 굉장히 취약한 것이 되어버립니다. 즉 인도로는 갈 수 없고, 차도에서는 자전거처럼 요리조리 갈 수도 없고, 자동차라는 아주 강한 포식자 사이에서 너무 쉽게 '먹이'가 될 수밖에 없는 것이지요. 결과적으로 아주 참담한 실패였습니다. 어떤 설문에서는 '최악의 기술' 50개 중에 DDT, 고엽제 등을 모두 제치고 넘버원으로 꼽히기도 했습니다. 아마 세그웨이가 인도를 달릴 수만 있었어도 지금보다는 훨씬 많이 보급되었을 겁니다.

지금 세그웨이는 유원지에서 관광객들의 사랑을 받고 있습니다. 유원지를 둘러보는 데 이만한 탈것이 없습니다. 그렇지만 도시를 누비는 교통수단으로서의 세그웨이는 실패한 기술로 평가됩니다. 그런데 아직 꿈을 버리지 못한 사람도 있습니다. 2015년 중국의 샤오미사가 거액을 투자해 만든 '나인봇'이라는 회사가 세그웨이를 인수했습니다. 실패한 기술이 다시 부활하는 경우도 많기 때문에 우리는 세그웨이의 미래를 좀더 지켜봐야 할 겁니다. 아마

세그웨이를 위한 전용도로가 만들어지는 방식으로 규제가 바뀌면 부활할 가능성도 없지 않겠지요.[6]

왜 뛰어난 경영자들도 종종 잘못된 판단을 할까

자, 이제 경영자들의 고민에 대해서 얘기해봅시다. 혁신기술에 대해 고민하는 사람들은 혁신기술이 반드시 건너야 하는 '죽음의 계곡valley of death'에 대해 이야기합니다. 죽음의 계곡은 개발과 사업화 사이에 존재하는 계곡입니다. 개발이 됐다고 해도 사업화가 안 되는 것이 워낙 많기 때문입니다. 그다음으로 사업화가 된 뒤에도 시장에서 널리 받아들여지는 데까지 헤쳐가야 하는 '다윈의 바다Darwinian sea'가 있습니다. 다른 제품들과의 생존경쟁에서

6 마티아스 호르크스, 『테크놀로지의 종말』 참조. 세그웨이의 실패에 대한 다른 설명도 있는데, 그것은 세그웨이를 탄 사람이 게을러 보인다는 것입니다. 양복바지를 묶거나 양말 속에 넣고 쌩쌩 자전거를 달려 출근하는 사람들은 '쿨'해 보이지만, 양복을 입고 세그웨이 위에 올라타서 털털털 출근하는 사람들은 게을러 보인다는 것이죠. 이 설명에 백 퍼센트 동의하지는 않더라도, 문화적 상징성 역시 세그웨이의 몰락에 중요한 역할을 했음은 분명합니다.

이겨야 시장을 장악하게 되니까요. 그래서 하나의 제품이 나와서 널리 쓰이게 되기까지 극복해야 할 장애물이 참 많습니다.

뛰어난 경영자들도 인간이기 때문에 실수를 저지릅니다. 이들이 나름 산전수전 다 겪고, 많은 사람들을 만나고 여러 공부를 한 사람들인데도 말입니다. 제임스 다이슨James Dyson이라는 잘 알려진 발명가가 있습니다. 그는 산업디자인과 엔지니어링을 공부한 뒤에 '바다에서 타는 트럭seatruck'과 손수레의 두 바퀴를 커다란 공으로 대체한 '공 수레ballbarrow' 같은 기발한 발명품을 세상에 내놓았던 영국 엔지니어입니다. 1970년대 말, 이 사람이 어느 날 부인이 집에서 청소를 하는 모습을 유심히 보니까 너무 불편해 보이는 거예요. 진공청소기 안에 먼지 통이 있잖아요. 그런데 이게 어느 정도 차면 공기 흐름을 막아서 먼지가 잘 빨리지 않아요. 그래서 매번 종이봉투를 비워줘야 하고…… 그래서 다이슨은 먼지가 쌓여도 흡입력에 변화가 없는, 아예 종이봉투가 없는 진공청소기를 개발하겠다고 결심합니다. 물론 굉장히 어려웠지요. 미술 교사를 하던 아내가 돈을 버는 동안, 그는 하루 종일 발명에만 몰두했습니다. 본인 말에 따르면 5년 동안 5126번 실패하고 5127번 만에 성공했다고 합니다. 그는 공장 굴뚝에 원심력을 이용해서 먼지와 공기를 분리하는 집진기를 설치한 적이 있었는데, 여기에서 사용되는 사이클론 원리를 적용함으로써 결국 종이봉투 없는 청소기를 만드는 데 성공했습니다. 정말 "실패는 성공의 어머니"라는 격언이 딱 들어맞는 사례입니다.

이제 그는 이 발명품을 '후버'를 비롯한 청소기 회사들에 팔려고 했습니다. 후버사는 전기청소기를 처음 제작했던 회사인데, 특히 미국 시장을 장악하고 있었습니다. 100년이 넘는 시간 동안 전기청소기라는 한 우물을 판 회사지요. 그런데 후버사는 다이슨의 신제품 아이디어에 관심을 보이지 않았습니다. 다른 회사들도 비슷했고요. 왜냐하면, 그들은 종이봉투도 만들어서 팔고 있었거든요. 청소기마다 종이봉투 규격이 달라서, 청소기를 바꾸면 종이봉투도 다 다시 사야 합니다. 봉투 판매는 후버사에 짭짤한 이윤을 남겨주고 있었기 때문에, 후버사에서는 종이봉투 없는 청소기를 만들면 이 시장이 없어지겠다고 생각했던 것입니다.[7]

7 John Seabrook, "How to Make It: James Dyson Built a Better Vacuum. Can He Pull Off a Second Industrial Revolution?," *New Yorker*(20 September 2010). (https://www.newyorker.com/magazine/2010/09/20/how-to-make-it).

결국 다이슨은 특허를 파는 대신에 직접 사업을 시작합니다. 먼저 일본에 이 진공청소기를 팔기 시작하고, 이 신제품이 일본에서 큰 인기를 얻은 뒤 다시 영국과 미국으로 들여옵니다. 현재 다이슨 청소기는 영국에서 70퍼센트의 시장을 점유하고 있고, 판매 총액으로도 미국에서 1위입니다. 반면 후버사의 판매 실적은 거의 정체된 상태입니다. 그래서 후버사에서도 결국 종이봉투 없는 청소기를 만들어서 팔기 시작하지만, 다이슨의 특허를 침해했다는 법원의 제동을 받기도 합니다. 진공청소기의 역사와도 같은 존재인 후버사는 한 번의 실수로 인해 시장 점유율을 빼앗기고 만 것이죠. 그 뒤로 다이슨사는 날개 없는 선풍기를 개발해서 출시했고 승승장구하고 있습니다. 경영자의 판단이 빗나간다는 사실은 기업의 입장에서 기술의 미래를 예측하기가 점점 더 힘들어지고 있음을 의미합니다.

후버사가 종이봉투를 쓰지 않는 다이슨 진공청소기의 파괴력을 낮게 평가했던 이유는 여러 가지가 있을 것입니다. 종이봉투 판매로 이익을 얻는다는 게 하나죠. 또 종이봉투는 진공청소기를 만드는 회사와 고객을 이어주는 중요한 매개체이기도 했습니다. 종이봉투가 떨어지면 고객들은 청소기 매장을 방문했고, 이때 판매원들은 새 청소기를 은근히 권했으니까요. 그렇지만 뭐니 뭐니 해도 '진공청소기에는 종이봉투가 있어야 한다'는 고정관념을 벗어나기 힘들었다는 이유가 가장 컸을 겁니다. 이처럼 기업을 운영하는 사람들이 판단 실수를 해서 가능한 기술혁신을 하지 않거나, 유망한 신기술을 받아들이지 않는 경우 중에서 기업의 리더가 그때까지의 성공에 취해서 다른 가능성을 보지 못했기 때문에 생긴 실패가 종종 있습니다.

헨리 포드Henry Ford는 자동차를 대량 생산해서 처음으로 팔았던 사람입니다. 자동차는 수천 개의 부품으로 구성된 정교한 제품으로, 당시에는 대량 생산이 불가능하다

그림 4-3 헨리 포드와 모델 T(1921).

고 간주되었습니다. 장인들이 직접 깎은 부품을 손으로 조립해서 만들고 그랬어요. 그런데 포드는 공장에 컨베이어 벨트 시스템을 도입해서 당시 사람들이 불가능하다고 생각했던 자동차 대량 생산에 성공합니다. 그의 공장에는 1만 3천 명의 노동자와 수백 대의 특수 기계가 있었는데, 이들을 통해 매년 램프 100만 개, 바퀴 100만 개, 엔진 25만 개를 만들었고, 이런 부품들을 조립해서 자동차 25만 대를 만들 수 있었습니다. 모델 T라고 이름 붙은 그의 자동차는 1908년에는 900달러 정도의 고가였지만, 이러한 기술혁신을 통해 1924년에는 300달러로 값이 떨어집니다. 이제는 미국의 중산층과 농민은 물론 포드사의 노동자들도 저축을 해서 차를 살 수 있게 된 겁니다. 그의 성공은 탄탄대로였고, 다른 회사들은 자동차 시장의 절반을 장악한 그와 경쟁 상대조차 되지 못했습니다.

그렇지만 모델 T로 성공한 포드사는 오직 하나의 모델만을 계속 생산하기를 고집했습니다. 색도 검정밖에 없었고요. 나중에 제너럴 모터스(GM) 같은 회사에서 매년 디자인을 바꾸고 차 색깔도 다양하게 해서 자동차를 판매하기 시작하자, 포드사의 임원들은 헨리 포드에게 우리도 디자인과 색깔을 다양하게 만들자고 요구했습니다. 이때 포드가 한 말이 유명합니다. "구매자들은 자기 차를 원하는 어떤 색깔로든 고를 수 있다, 다만 그것이 검은색이라면." 결국 색깔을 못 바꾼다고 끝까지 고집을 피운 거예요. 왜냐하면 이 차가 자신한테 성공을 안겨준 차였기 때문이죠. 1년에 100만 대씩 만들어 전부 팔았던 것인데 왜 사람들이 다른 걸 원하겠느냐 하는 것이었죠.[8]

반면 GM은 여성 구매자를 위해 자동차 액세서리를 직접 선택하게 하는 등, 혁신을 계속 추진했습니다. 돈이 충분하지 않은 사람들을 위해서 자동차를 담보로 돈을 빌려주는 새로운 구매 방식도 도입했습니다. 이런 GM 차의 매력에 빠진 소비자들에게 T는 금방 구식이 되었습니다. GM의 쉐보레는 포드사의 자동차보다 약간 더 비쌌지만 소비자들은 개의치 않고 이를 구입했습니다. 결국 포드는 GM에게 추월당하고 1927년에는 모델 T 생산을 중단하고 맙니다. 이것이 경영자가 '성공의 덫'에 걸려서 실패한 경우입니다. 물론 거의 20년간 자동차 시장을 독점하면서 1500만 대나 팔린 T를 단순히 실패라고 평할 수는 없을 겁니다. 그렇지만 포드사가 '성공의 덫'에 안주하지 않았더라면 더욱 좋은 성과를 낼 수 있었음은 자명합니다.

8 Anne Jardim, *The First Henry Ford: A Study in Personality and Business Leadership*, Cambridge, MA: The MIT Press, 1970; David E. Nye, *Henry Ford: "Ignorant Idealist,"* Port Washington, NY: Kennikat Press, 1979.

그림 4-4　　비디오 시장을 선점했던 소니의 베타맥스 광고. 소니의 베타맥스는 표준을 장악하지 못하고 JVC의 VHS에 시장을 내주고 말았습니다.

표준과
시장에서의 실패

재미있는 실패 사례가 있습니다. 바로 집에서 비디오테이프로 영화를 보던 VCR의 '포맷 전쟁'입니다. 이제 상업용 VCR은 더 이상 생산되지 않고, 이를 사용하는 집도 거의 없지만요. VCR 이후에는 DVD가 대세가 되었다가, 요즘은 DVD도 물러나고 온라인 스트리밍 형식이 자리 잡았습니다. 영화를 보는 방식이 완전히 변화한 거죠. 그래도 굉장히 오랫동안 시장을 장악했던 것이 바로 VCR입니다.

VCR의 선구는 소니의 '베타맥스'입니다. 당시로서는 눈이 번쩍 뜨이는 신기술이었어요. 테이프에다 목소리를 녹음하듯이 이미지를 녹화해서 재생할 수 있는 것으로 1975년에 가정용으로 배포됐습니다. 녹음된 테이프를 사지 않고 빌려서 봐도 되었고요. 소니의 베타맥스가 1975년에 출시되었고, 이에 대항했던 JVC라는 회사가 VHS라는 새로운 포맷의 VCR를 다음 해에 내놓았습니다. 소니는 도시바, 산요, NEC, 아이와, 파이오니어와 연합을 하고 있었고, JVC는 소니의 라이벌인 파나소닉, 히타치, 미쓰비시, 샤프, 아카이 등과 연합 전선을 펼치고 있었습니다. 처음에는 베타맥스가 거의 100퍼센트에 가깝게 시장을 독점

했지만, 1981년이 되면 베타맥스는 25퍼센트, VHS는 75퍼센트로 시장 점유율이 역전되었고, 곧 이 차이는 10 대 90 이상으로 벌어졌어요. VHS를 쓰던 사람조차 동의했던 것은 소니의 베타맥스가 VHS에 비해 화질이 더 우수했다는 겁니다. 게다가 더 먼저 나왔고요. 그런데 왜 이런 일이 벌어졌을까요?

여러 가지 설 중 소니의 실수가 실패 원인이라는 설이 유력합니다. 소니의 회장인 아키오 모리타Akio Morita는 다른 회사로 하여금 베타맥스를 상영하는 비디오 플레이어를 만들어 팔지 못하도록 라이선싱 금지를 내렸습니다. 반대로 JVC는 약간의 수수료만 내면 얼마든지 VHS 플레이어를 만들도록 허용했습니다. 그 결과, 더 많은 회사가 VHS 플레이어를 만들었고, 더 많은 제품이 시장에 나왔다는 겁니다. 그런데 이 설명이 얼마나 설득력 있는지는 미지수입니다. 소니가 라이선스를 허락하지 않겠다고 고집한 것만은 아니었거든요. 초기에 소니는 경쟁사인 JVC에게 라이선스 제안을 하기도 했습니다. JVC가 이를 거절했지만요. 또 라이선스를 허용했는지 아닌지의 여부가 그렇게 큰 차이를 가져오는지 역시 확신할 수 없는 부분입니다.

또 한 가지 설은, 소니 베타맥스의 표준은 한 시간짜

리였고, VHS의 표준은 두 시간짜리였기 때문이라는 것입니다. 소니는 다큐멘터리처럼 좋은 TV 프로그램을 녹화해서 보라는 목적에서 이 테이프의 표준을 한 시간으로 만들었다고 합니다. 한편, VHS는 그보다 긴 영화나 스포츠를 녹화해 보는 것을 생각했습니다. 시간의 차이를 강조하는 사람들은 VHS가 홈무비를 대여해서 보기에 훨씬 적합했다는 점을 강조합니다. 영화는 대개 두 시간 정도니까요. 게다가 VHS 쪽은 영화 배급사들과 적극적으로 제휴를 맺었습니다. 따라서 흥미로운 영화들이 VHS 포맷으로 출시되자, 사람들의 선호가 이쪽으로 확 기울었다는 것이지요. 이 설명이 가장 잘 알려진 설명인데, 그럴듯하기는 해도 역사적 사실과 맞지 않는다는 문제가 있습니다. 영화가 본격적으로 VCR에 녹화되어 팔리기 시작한 건 1980년대 중반 이후거든요. 이미 판세가 VHS로 기운 뒤에 영화산업이 본격적으로 비디오 시장에 진출한 것이지요. 그리고 그전에 베타맥스 또한 두 시간용의 테이프를 출시했고요. 따라서 이 설명 역시 완벽하지 못합니다.

최근에 대두된 재밌는 설명은 '포르노 산업'과의 제휴 문제라는 것입니다. 사람들이 왜 VCR을 집에 장만했을까를 조사해보니까, 미국 중산층이 이것을 사서 집에서 포르노를 보기 시작했다는 것입니다. 그전에는 포르노 상영 극장이 따로 있었어요. 포르노가 극장에서 VCR로 옮겨 가자 캘리포니아에 자리 잡고 있던 포르노 산업이 VHS와 연합해서 포르노를 VHS 포맷으로 만들어서 팔기 시작한 거예요. 그래서 이제 사람들이 다른 사람들을 의식하지 않고 집에서 포르노를 즐길 수 있게 됐다는 것이죠. 반면에 포르노에 대해서 비판적이었던 소니 회장은 포르노 산업과 제휴하지 않겠다고 선언했었고요. 그래서 결정적으로 베타맥스가 VHS에게 지고 말았다는 겁니다.[9]

시간이 한참 지난 뒤에 소니는 복수할 기회를 얻습니다. VCR이 쇠퇴하고 DVD가 비디오의 표준으로 부상합니다. 그리고 고해상도 TV가 출시되면서, 고해상도 저장 디스크 표준을 두고 소니의 블루레이BLUE-RAY와 도시바의 HD-DVD가 표준을 놓고 경쟁을 벌입니다. 이때도 소니는 포르노 산업과 제휴하지 않겠다고 선언했습니다. 많은 사람들이 또 베타맥스 때처럼 소니가 지지 않을까 걱정했는데 아이러니하게도 이때는 소니의 블루레이가 승기를 잡습니다. 2008년에 최대 영화사였던 워너브러더스가 블루레이로 합류하면서 전세가 확 기울게 된 거죠.

그때 도시바가 결정적으로 패착을 둔 것 중 하나가,

9 "Videotape Format War," *Wikipedia*. (https://en.wikipedia.org/wiki/Videotape_format_war).

HD-DVD 플레이어를 반값 세일을 하기 시작했어요. 사람들이 반값에 HD-DVD 플레이어를 사겠다고 달려들 것이라고 생각했지요. 그런데 반대였습니다. 소비자들은 도시바가 반값 세일을 하는 이유가 HD-DVD 플레이어가 곧 시장에서 퇴출될 거라서 그전에 떨이를 한다고 생각했던 겁니다. DVD 플레이어는 냉장고가 아닙니다. 냉장고는 회사가 망해도 반값에 사서 들여놓으면 횡재를 한 것이지요. 그런데 DVD 플레이어는 표준이 되지 못하면 볼 영화가 없다는 얘기가 됩니다. 사놓은 기계가 고물이 된다는 것이지요. 따라서 소비자들은 반값으로 떨어진 HD-DVD 플레이어를 더 외면했습니다. 반값 세일을 했는데도 효과가 없으니까 도시바는 백기를 들어버렸죠.

인간의 저항과 기술의 실패

이제 마지막으로 기술혁신의 실패 이유로 인간의 저항resistance에 대해 말씀드리려고 합니다. 페이스타임이나 스카이프 등을 통해 사람들은 종종 화상전화를 사용하고 있는데요, 실제로 이 화상전화는 최근에 개발된 기술이 아니라 1920년대부터 개발된 기술입니다. 말하자면 화상전화는 100년의 역사를 가진 기술입니다.

전화를 발명한 벨은 1891년에 「전기를 통해서 보는 것의 가능성On the Possibility of Seeing by Electricity」이라는 논문을 썼는데, 이는 이미 이 시기부터 사람들이 소리와 함께 영상을 전달하는 방법에 대해 고민하기 시작했음을 시사합니다. 실제 기계를 발명하는 데까지는 몇십 년이 걸렸지만요. 1927년, 뉴욕에 있던 미국의 전화회사 AT&T의 회장 월터 기퍼드Walter Gifford는 당시 워싱턴의 재무상 허버트 후버Herbert Hoover와 화상전화로 통화를 하는 데 성공했습니다. 이는 최초의 화상전화 통화로 기록되어 있습니다. 같은 해 독일에서 나온 프리츠 랑Fritz Lang 감독의 SF 영화 「메트로폴리스Metropolis」에도 영화 최초로 화상전화가 등장합니다. 미국의 벨 연구소는 1933년 시카고에서 열린 세계박람회에서 이 화상전화를 선보였으며, 그로부터 3년 뒤에 나온 찰리 채플린Charlie Chaplin의 「모던 타임스Modern Times」(1936)에도 회사 내에서 이용하는 화상전화 시스템이 등장합니다.[10]

10 A. Michael Noll, "Anatomy of a Failure: Picturephone Revisited," *Telecommunications Policy*, vol. 16, no. 4, 1992, pp. 307~16; Kenneth Lipartito, "Picturephone and the Information Age: The Social Meaning of

그러다가 제2차 세계대전이 발발하면서 전쟁 연구를 제외한 벨 연구소의 연구는 중단되었습니다. 전쟁이 끝나고 벨 연구소는 반도체를 개발하는 개가를 올렸고, 미국 정부는 거대 과학기술에 엄청난 투자를 하기 시작했습니다. 벨 연구소와 AT&T도 신기술 개발을 통한 혁신의 분위기에 들떠 있었고요. 그런데 당시 전화가 이미 널리 보급되어 있었기 때문에, 세상을 깜짝 놀라게 할 혁신을 위해서는 전화에 버금가는 새로운 혁명적 통신수단이 필요했습니다. 당시 벨 연구소의 연구원들은 자신들의 임무가 '두번째 커뮤니케이션 혁명'을 완수하는 것이라고 생각했는데, 화상전화가 바로 그 혁명의 주역으로 지목된 기술이었습니다.

1960년대는 미래의 정보혁명에 대한 핑크빛 전망으로 가득한 시기였습니다. 목소리와 영상이 합해진 화상전화가 소통을 완벽하게 한다는 오래된 믿음이 다시 부활했고, 당시의 미래학자들도 이 전망을 강화하는 데 동참했습니다. 1962년에는 미래를 배경으로 한 미국의 인기 만화영화 「젯슨스Jetsons」에 화상전화가 자주 등장해서 대중들의 상상력을 고무했습니다. 이 만화영화에는 그 밖에도 바

Failure," *Technology and Culture*, vol. 44, no. 1, 2003, pp. 50~81.

닥을 기어 다니면서 청소하는 로봇 청소기, 신문을 스크린으로 읽는 텔레뷰어, 자외선을 이용해서 몸을 태우는 침대 등이 등장했는데, 이 중 몇 개는 얼마 안 가서 현실로 실현되기도 했지요. 몇 년 후 스탠리 큐브릭의 「2001 스페이스 오디세이2001: A Space Odyssey」(1968)에 다시 화상전화가 등장하기도 했고요.

AT&T는 1964년 뉴욕에서 열린 세계박람회에서 '픽처폰Picturephone'이라고 이름 붙인 화상전화를 화려하게 선보입니다. 당시 픽처폰은 AT&T의 야망과 낙관적인 정보통신혁명의 분위기가 결합한 결과였습니다. 이들은 이 기술이 사람을 만나기 위한 여행을 줄여주기 때문에 시간과 에너지를 절약해주는 기술이라고 보았습니다. AT&T는 이 뉴욕 박람회에서 700명을 대상으로 픽처폰에 대해 어떻게 생각하는지 설문조사를 합니다. 이때 절반이 전화를 할 때 상대를 보는 게 좋다, 중요하다고 대답을 합니다. AT&T는 이에 고무되었습니다. 이미 픽처폰의 상업적 생산을 위해 5억 달러를 준비해두었던 AT&T는 박람회가 끝나자 뉴욕, 시카고, 워싱턴 D.C.에 픽처폰 부스를 시범용으로 설치합니다. 3분당 16~27달러(현재 가치로는 대략 110~190달러에 해당합니다)의 요금으로 대중들이 픽처폰을 사용할 기회를 제공한 것입니다. 그러나 6개월간

이를 사용한 사람은 단 71명에 그쳤고, 1970년에 들어와서는 부스 이용객이 전무해집니다.

이런 결과를 보고도 AT&T는 화상전화 시장이 15년 내에 50억 달러 규모로 커진다고 낙관적인 예측을 했습니다. 하지만 시카고에서 상용화된 픽처폰을 이용한 사람은 1970년에 100명을 넘지 않았고, 이 숫자는 1977년에는 9명으로 줄어들었습니다. 1980년대에도 계속 낙관적인 예측을 했지만 실패하고, 1990년대에는 '비디오폰 2500'을 출시하지만 이 역시 실패했어요. 나중에 휴대전화가 나온 뒤에도 화상전화는 계속 시도되었습니다. 애플도 야심 차게 페이스타임 화상전화를 내놓았지만, 이 역시 성공하지 못했지요.

AT&T는 일반 소비자들에게 픽처폰 서비스를 판매하는 데 실패하자, 회사의 화상 회의용을 비롯해 병원 내의 여러 조직들, 법정과 경찰서 등을 연결하는 데 쓸 용도로 픽처폰 서비스를 판매했습니다. 병원은 픽처폰에 큰 흥미를 보였지만, 의료기관에 대한 정부 지원이 줄어든 뒤에는 픽처폰 도입을 중단했습니다. 회사는 의외로 화상 회의에 별 관심을 보이지 않았어요. 업무나 회의 때문에 잦은 출장을 가는 것은 회사에게나 개인에게나 달갑지 않은 일이었지만, 대부분의 미팅은 대면 상태에서 이루어져야 효과가 있는 것들이었고, 더욱이 사람들은 카메라를 보고 대화하는 것을 어색해했기 때문입니다. 미국 기업의 경우에 화상 회의는 전체 회의의 4퍼센트 정도에 불과했습니다. 아마 당시에 법정과 경찰서만이 화상전화를 적극적으로 사용한 기관이었을 겁니다. 이들은 화상전화를 마치 폐쇄회로 TV를 통해 대화하는 방식으로 사용했습니다. 그렇지만 전체적으로 보았을 때 이 틈새시장도 AT&T가 예상했던 것보다 훨씬 작았으며, 서비스를 계속할 동인이 되기에는 턱없이 부족했습니다.

다시 1964년의 설문조사로 돌아가 봅시다. 흥미로운 사실은 1964년의 인터뷰에서 700명 중 나머지 절반이 전화를 할 때 상대방의 얼굴을 보는 데 흥미가 없다고 대답했다는 것입니다. AT&T는 이 절반의 의견을 무시했고, 화상전화에 흥미가 있다는 사람들의 의견을 따랐습니다. 결과는 참담한 실패였습니다. 왜 이런 일이 벌어졌을까요? 이에 관해서도 여러 분석이 있습니다. 일단 기술적으로 초기의 비디오폰, 1960~70년대 AT&T의 화상전화는 가격이 비싸고 기술적 조작이 어려웠기에 적은 사람만이 이를 사용할 수 있었습니다. 시카고에서 100명이 픽처폰을 사용한다면 보통 사람들이 돈을 더 들여서 이 픽처폰을 살 이유가 없겠죠. 즉 네트워크의 가치가 적었다는 겁니다. 많은 사람들이 써야 가치가 있을 텐데 말이에요. 그런데 사실 이것은 화상전화만이 아니라 모든 신기술의 특징이기도 합니다.

팩스가 그렇습니다. 1970년대 팩스가 처음 소개되었을 때는 실패했습니다. 왜냐하면 여러 사람들이 팩스를 사용해야 나도 팩스를 보낼 곳이 있는 것이고 이를 구매할 동인이 생기는데 그렇지 않았기 때문이에요. 내가 팩스를 산다 해도 보낼 곳이 별로 없으면 팩스 사기를 주저하게 되는데, 이는 다른 모든 사람들도 마찬가지였다는 겁니다. 팩스가 유명세를 타기 시작한 것은 보급되고 대략 10년이 지난 뒤였습니다.

따라서 팩스나 화상전화에서 중요한 점은 소비자들에게 "이 통신수단이 (지금은 아니지만) 가까운 미래에 널리 쓰일 것이다"라는 확신을 주는 것입니다. 생산자는 이를 위해서 기술을 표준화하고, 기술의 낙관적 미래에 대한 담론을 유포하며, 소비자들을 직접 설득하기도 합니다. 신제품을 공짜로 뿌리기도 하죠. 이렇게 본다면 통신기술에서의 혁신은 새로운 사용자의 점진적 유입과, 더 많은 혁신이 일어날 수 있게 하는 플랫폼platform 형성 과정입니다. 기술 발달의 초기에는 그 기능과 가치에 대한 정의가 명확하지 않기 때문에, 소비자들은 기술의 미래, 기술이 제공하는 약속에 끌리게 됩니다. 따라서 이런 의미에서는 화상 전화가 소비자들의 미래에 대한 기대를 충분히 충족시키지 못했기 때문에 확산에 실패했다고 볼 수 있습니다.

그런데 이것만을 가지고는 이해되지 않는 게 있습니다. 지금 사람들은 거의 대부분 스마트폰을 쓰고 있는데, 스마트폰에는 화상전화 앱이 깔려 있는 경우가 많습니다. 게다가 와이파이만 되면 공짜입니다. 그럼에도 불구하고 사람들은 화상전화를 잘 사용하지 않습니다. 화상전화를 안 써왔던 관성 때문에 지금도 안 쓰는 것일까요? 아니면 일반 전화이건 스마트폰이건, 사람들은 화상전화 그 자체에 별반 관심이 없는 것일까요?

얼굴이 안 보이는 일반 전화의 장점은 감출 수 있는 게 많다는 겁니다. 예를 들어, 자신은 상대에게 집중하지 않으면서도 마치 상대에게 집중하고 있는 척할 수 있다는 거예요. 피곤해도 마치 활기가 넘치는 듯, 통화가 지겨워도 그렇지 않은 듯, 침대에 누워서도 마치 사무실에 있는 듯 상대방과 대화를 할 수 있다는 게 일반 전화의 매력입니다. 전화는 목소리를 전달하면서도 통화자가 처한 맥락을 함께 전달하지 않습니다. 그렇지만 화상전화는 그러기 힘듭니다. 목소리와 함께 얼굴도, 주변 환경도 다 드러내야 합니다. 얼굴이 푸석하고 머리가 부스스해도 화상전화라면 이를 다 보여줘야 합니다. 이런 통신수단은 별로 매력이 없습니다. 커뮤니케이션에서는 오히려 자신의 상황을 적절하게 감추는 것이 가능한 통신수단이 더 좋을 때가 많습니다.

TV가 처음 나왔을 때, 돈이 많이 들어가는 일임에도 많은 사람들이 TV는 대성공일 거라고 예측했습니다. 당시에 라디오가 이미 대성공을 거두었고, 사람들이 라디오라는 기계를 통해 뉴스나 음악을 듣고 성우들의 목소리를 듣는 것을 좋아한다는 사실이 이미 알려져 있었지요. 그리고 사람들은 영화나 사진을 보는 것도 좋아했고요. 그래서 이 두 개를 합쳐놓은 TV를 사람들이 싫어할 이유가 없다고 생각한 것이지요. 역시 TV는 대성공이었습니다. 그러나 화상전화의 논리가 이와 똑같음에도 불구하고 화상전화는 실패했습니다. 한두 번의 실패가 아니라 도입된 모든 화상전화가 실패하다 보니까, 여기에는 뭔가 이유가 있다고 생각하게 되었습니다. 처음에는 기술적인 문제인 줄 알았는데 알고 보니 사람들의 심리나 커뮤니케이션의 본성과 연결된 문제라는 게 더 설득력을 얻고 있습니다. 화상전화는 소비자들의 저항 때문에 확산되지 못한 것입니다.

기술의 성공과 실패, 그리고 미래 예측

돌이켜보면 에디슨의 전등이 가스등을 누르고 승리하는 것은 자명한 일처럼 보입니다. 그렇지만 당시에는 그렇지 못했습니다. 에디슨은 단순히 전등을 팔았다기보다 무수히 많은 전등이 켜져서 밤을 몰아내는 미래 세상의 비전을 파는 데 성공했던 것입니다. 전등이 나온 직후인 1880년대에 전등의 미래는 그렇게 확실하지 않았습니다. 미래는 에디슨이 만든 것이지 그에게 주어진 것이 아니라는 얘기입니다. 벨의 성공 역시 사람들이 예측한 것이 아니었습니다. 1880년 즈음에 전화선이 전 지구를 덮는 미래를 상상하기는 매우 힘들었습니다.

기술의 성공을 예견하기 힘들었듯이, 기술의 실패도 예견하기 어렵습니다. 1960년대에 20세기 말을 예언한 글을 보면 항상 3차원 TV 얘기가 나옵니다. 조금 뒤에 만들어진 영화 「스타워즈」를 봐도, 3차원의 이미지 전송 시스템이 등장합니다. 그 이유는 이 당시에 3차원 영상인 홀로그래피가 등장해서 센세이션을 불러일으켰기 때문입니다. 물론 당시에는 홀로그래피 이미지의 선명도도 낮았고, 명암도 매우 어두웠습니다. 그렇지만 사람들은 홀로그래피 과학이 20~30년간 발전하면 3차원 TV와 같은 또렷한 이미지를 얻을 수 있다고 생각했습니다. 레이저건도 마찬가지입니다. 당시 레이저는 출력도 약했고, 강한 레이저를 만들려면 기구의 부피가 커야 하고 에너지 소모도 심했지만, 레이저 기술이 급속하게 발전한다면 권총 모양의 강력한 레이저건도 가능하리라고 생각했습니다. 그런데 3차원 홀로그래피 TV나 레이저건은 아직도 만들어지지 않고 있습니다.

20세기에 이루어진 미래 예측은 물론, 지금 나오고 있는 미래 예측에서도 늘 빠지지 않고 등장하는 것이 바로 가정부 로봇입니다. 가사노동은 잘하려면 한정이 없고, 웬만큼 하면 티도 잘 나지 않습니다. 이런 가사노동을 로봇이 도와준다면 얼마나 편하겠습니까. 20세기 초엽부터 사람들은 걸어 다니고 팔을 움직이는 로봇을 만들었고, 1950~60년대 사이버네틱스와 자동화의 발전에 힘입어 이전보다 훨씬 정교한 로봇도 제작했습니다. 이 시기에 「우주소년 아톰Astro Boy」「젯슨스」 같은 만화영화도 나왔고, 살아 움직이는 로봇을 소재로 한 영화도 여러 편 제작됩니다. 사람들은 로봇기술이 지금처럼 빠른 속도로 발전하면, 몇십 년 내로 명령에 따라서 집안일을 도와주는 로봇이 등장할 것이라고 예상하게 됩니다. 이런 예측은 합리적으로 보입니다. 그런데 실제로는 당시의 로봇기술을 과대평가한 상태에서 이루어진 예측인 경우가 태반입니다.

2016년 알파고AlphaGo 이후 인공지능이 지배하는 미래에 대한 논의가 쏟아졌습니다. 2045년이면 인공지능이 세상을 지배하고, 인간의 일을 다 빼앗아갈 거라는 미래 예측도 무성합니다. IBM의 인공지능 왓슨Watson이 미국의 인기 퀴즈쇼인 「제퍼디쇼Jeopardy!」의 챔피언들을 이기고, 구글 딥마인드DeepMind의 알파고가 바둑 세계 챔피언 이세돌을 이긴 뒤로 이런 예측이 더 무성해지고, 또 힘을 받는 듯합니다. 그런데 정말 이런 예측대로 될까요? 우리는 지금 우리가 가진 인공지능 기술들의 현황을 제대로 평가하고 있는 것일까요? 거품과 실제를 잘 구별하고 있는 것일까요? 현란하고 낙관적인 미래 담론이 넘쳐나는 이 세상 속에서 기술이 열어준다고 보고되는 미래에 대해서 한번은 성찰적으로 고민해볼 시간입니다.

5강

기술 - 미래의 예언자들

지금까지 살펴보았듯이 과학기술의 미래를 예측하거나 과학기술로 인한 미래사회의 변화를 예측하기는 매우 어렵습니다. 개별 기술이나 제품이 시장에서 성공할지 미리 아는 것도 쉽지 않지만, 그 결과에 따라 사회가 어떻게 바뀔지 예상하기란 훨씬 까다로운 일입니다. 그럼에도 불구하고 꽤 많은 사람들이 과학기술의 미래에 대한 예측, 과학기술이 만들어낼 사회에 대한 전망을 끊임없이 제시하고 있습니다. 이들 중 일부는 예측이나 전망에서 한 걸음 더 나아가 매우 확신에 찬 어투로 과학기술과 미래에 대한 대담한 '예언'을 내놓기도 합니다. 이처럼 기술의 발전 양상과 그로 인한 미래사회의 변화를 동시에 설파하는 과학자, 공학자, 비평가, 언론인을 '기술-미래 예언자'라고 부를 수 있겠습니다.[1]

1 이 같은 사람들을 지칭하는 더 간단한 영어식 표현으로는 '기술 예언자 technological prophet'가 있습니다. 여기에서는 이들이 기술 발전 단계만을 예언하는 것이 아니라 그로 인한 개인의 삶과 미래사회의 변화 전반을 예언한다는 점을 강조하기 위해 '기술-미래 예언자'라는 표현을 사용했습니다.

기술-미래 예언자
스티브 잡스

다양한 기술-미래 예언자들이 내놓고 있는 기술-미래 예언의 진위 여부를 따지는 것은 그다지 중요하지 않습니다. 미래의 기술과 사회에 대한 예언은 당연히 현재 시점에서 검증할 수 없습니다. 예언은 사후 검증을 통해서 사회적 의미와 영향력을 얻는 것이 아니라 당장 검증할 수 없기 때문에 위력을 발휘합니다. 또 앞서 논의했듯이 대부분의 미래 예측은 일부는 맞고 일부는 틀린 것으로 드러나고, 누가 어떤 관점에서 해석하느냐에 따라 맞고 틀림의 범위도 크게 달라집니다. 지금 필요한 일은 기술-미래 예언이 현재에 어떤 영향을 미치는지를 검토하는 것입니다. 각 예언의 참과 거짓을 모르는 상태에서도 우리는 누가 어떤 방식으로 어떤 과학기술의 미래를 예언하고 있는지, 여러 가지 예언들 사이의 공통점은 무엇인지, 이 예언들은 기술과 사회에 대한 어떤 관점을 강화하거나 반박하는지 질문해 볼 수 있습니다. 5강에서는 기술-미래 예언들을 단지 우리가 받아들이거나 거부할 대상이 아니라 열심히 읽고 해석하고 토론할 텍스트로 간주하고자 합니다. 기술-미래 예언들은 미래가 아니라 현재를 겨냥하여 생산되기 때문입니다.

'기술-미래 예언자'라는 표현에는 분명 종교적 함의가 있습니다. 광야에 홀로 서서 다가올 종말이나 구원을 외치는 종교적 예언자의 모습을 과학기술과 미래사회에 대한 전망을 내놓는 사람들에게 투사한 것입니다. 이들은 마치 (신흥) 종교의 지도자들처럼 강한 카리스마를 가지고 대중에게 다가가면서 미래 기술과 접목된 구원의 메시지 또는 초월의 희망을 전파합니다. 대중은 이들로부터 현재의 세계와 인간은 불완전하고 불편하고 부당한 상태에 놓여 있지만, 미래에 도래할 새로운 기술이 이를 해결하고 극복해주리라는 강한 믿음을 얻습니다. 각 종교마다 핵심적인 메시지를 담은 경전이 있는 것처럼 기술-미래 담론에서도 전문가와 대중이 널리 읽고 토론하는 대표적인 텍스트들이 존재합니다. 존경받는 과학기술자이자 베스트셀러 저자인 예언자들은 책과 강연, 인터뷰를 통해 기술-미래 전망을 반복적으로 설파합니다.[2]

기술-미래 예언자라는 말을 듣고 가장 먼저 떠올릴 수 있는 사람 중 하나가 애플의 스티브 잡스일 것입니다.

2 Amarnath Amarasingam, "Transcending Technology: Looking at Futurology as a New Religious Movement," *Journal of Contemporary Religion*, vol. 23, no. 1, 2008, pp. 1~16.

그림 5-1
성서의 욥기를 차용하여
스티브 잡스를 표현한
『이코노미스트』 표지.

특히 잡스가 이끈 애플이 아이폰과 아이패드를 내놓으면서 전 세계 시장에 충격을 주고 혁신의 아이콘이 된 2000년대 후반부터는 기술-미래 예언자의 이미지가 더 강해졌습니다. 애플이 아이패드를 발표한 2010년 초 영국의 주간지 『이코노미스트』는 아이패드를 들고 있는 잡스의 모습을 표지 그림으로 올렸습니다. 이 표지에서 잡스는 그의 상징인 검정 티셔츠 위로 옛날 예언자나 현인의 가운 같은 것을 걸치고 있습니다. 오른손에는 아이패드를 예언서나 경전처럼 들었습니다. 그의 머리 둘레로는 후광이 비치고 있고요. 그 위에는 "잡스의 책The Book of Jobs"이라는 제목이 걸려 있습니다. 잡스의 책은 곧 아이패드를 말하는 것이겠죠. 그런데 잡스Jobs라는 이름에서 철자 s를 빼면 이 제목은 구약성서의 '욥기The Book of Job'가 됩니다. 『이코노미스트』는 성서의 등장인물인 욥의 이미지를 스티브 잡스에게 덧씌워서, 그가 아이패드라는 신기술을 통해 컴퓨터, 미디어, 교육 분야에 다가올 미래를 예언하는 것처럼 묘사한 것이지요.

그다음 해인 2011년 10월 잡스가 사망했을 때 『이코노미스트』는 다시 한 번 그를 표지에 올렸습니다. 이번에는 잡스의 옷에 손대지 않았습니다. 검정 티셔츠와 청바지를 입고 무대에 올라 청중에게 새로운 제품을 설명하는 모습을 담은 그의 생전 사진을 사용했습니다. 그 위에 달린 제목은 "마술사The Magician"였습니다. 부제는 "스티브 잡스와 그가 만든 세계"였고요. 잡스가 마치 마법 같은 기술들로 새로운 세계를 창조했음을 기리는 표현이라고 할 수 있습니다. 잡스는 마법사처럼 세상을 바꾸고, 예언자처럼 다가올 세상을 알리는 사람으로 여겨졌습니다.

잡스가 세상을 떠난 다음에 기술-미래 예언자로서 잡스의 자리를 물려받은 사람은 일론 머스크였습니다. 전기자동차, 자율주행 자동차, 우주탐사 로켓, 화성 식민지, 초고속 운송을 위한 지하터널 등 계속해서 놀랄 만한 신기술 프로젝트 구상을 발표하고 이를 실천에 옮기는 모습에 열

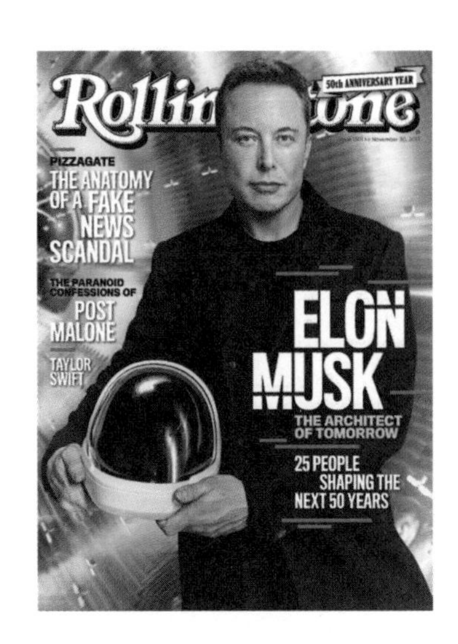

그림 5-2
일론 머스크를 내세운
『롤링스톤』 표지.

광하는 사람들이 매우 많습니다. 머스크에게는 엔지니어, 기업가, 혁신가, 공상가, 예언자의 이미지가 겹쳐져 있습니다. 그가 또 어떤 새로운 기술을 창안하고 설계하고 구현할지 항상 이목이 집중됩니다. 특히 화성 식민지 구상 같은 것을 통해 지금의 인간사회와 전혀 다른 세계를 상상하게 한다는 점에서 머스크의 기술-미래 예언자적 기질은 잡스를 뛰어넘는다고도 할 수 있습니다. 머스크를 등장시킨 『롤링스톤*Rolling Stone*』지의 표지도 그를 "내일의 설계자The Architect of Tomorrow"라고 부르면서 담대한 혁신가와 예언자의 풍모를 강조해 보여주었습니다.

스티브 잡스와 일론 머스크가 대중적으로 가장 널리

알려진 사례입니다만, 이처럼 자신의 연구와 제품, 또 연설이나 책을 통해 기술-미래에 대한 전망을 내놓으면서 사회에 큰 영향을 미치는 사람들이 많습니다. 지금부터는 나노기술, 바이오기술, 정보통신기술 등 20세기 말과 21세기 초반에 주목받았던 여러 분야들에서 기술-미래 예언자의 역할을 한 인물들과 그들의 저서를 검토해보려 합니다. 처음에 말씀드렸듯이, 그들의 기술-미래 예언이 적중했는지를 따지는 것이 아니라, 그들의 예언에서 공통적으로 발견할 수 있는 특성이나 경향을 살펴보려는 것입니다. 이러한 검토를 통해 기술과 미래의 관계를 생각하는 우리의 관점도 한번 돌아볼 수 있으리라 생각합니다.

예언과
예언자들

나노기술 분야에 관심을 불러일으키는 데 큰 역할을 한 사람으로 에릭 드렉슬러K. Eric Drexler를 꼽을 수 있습니다. 드렉슬러가 1991년에 완성한 MIT 박사논문은 분자 나노기술molecular nanotechnology 분야의 첫번째 박사논문으로 평가받기도 합니다. 드렉슬러가 나노기술의 전도사로 대

그림 5-3
에릭 드렉슬러의 『창조의 엔진』.

중적으로 널리 알려지게 된 것은 1986년에 출판한 『창조의 엔진*Engines of Creation*』 덕분입니다. "나노기술의 미래"라는 부제를 달고 있는 이 책은 나노 수준에서 물질을 다룰 수 있게 되면 컴퓨팅, 제조업, 의료를 비롯한 여러 분야에서 혁명적인 변화가 일어날 것이라는 전망을 제시합니다. 드렉슬러의 책은 출판 후 25년이 지난 2011년에 한국어로 번역되었습니다. 나노기술에 대해 얘기할 때 누구나 한 번씩 인용하는 책이라는 점을 생각하면 번역이 무척 늦었다고도 할 수 있습니다. 한국에서는 2000년대 들어서야 나노기술에 대한 관심이 대폭 증가했다는 점과 관련이 있겠습니다.

드렉슬러가 나노기술의 발전을 통해 생겨날 변화라

고 전망한 것은 가히 새로운 세상의 '창조'라고 부를 만한 정도입니다. 그가 이러한 전망을 내놓는 데 중요한 역할을 한 것은 『창조의 엔진』에서 제안한 '분자 조립 기계 molecular assembler'라는 개념입니다. 이것은 극히 미세한 수준에서 분자들을 움직여서 화학 반응을 이끌어내고 새로운 물질을 만들어낼 수 있는 장치입니다. 드렉슬러의 말을 조금 인용해보겠습니다.

> 우주, 계산, 생산, 복지 분야의 기술 진보는 모두가 우리의 원자 배열 능력에 좌우된다. 분자 조립 기계가 있으면 우리의 세계를 다시 만들 수도 파괴할 수도 있을 것이다.[3]

이는 나노기술을 통해 몇몇 산업이 발전하는 경제적 효과를 가져오고, 질병을 치료하는 의학적 효과를 낳으리라는 것보다 한 차원 더 나아간 전망입니다. 원자 수준에서 물질을 배열하는 능력을 얻게 되면 문자 그대로 세계를 새롭게 만드는 것이 가능하다는 말입니다. 거꾸로 세계를 파괴하는 것도 가능하고요. 원자 배열 능력은 궁극적으로 신이

3 에릭 드렉슬러, 『창조의 엔진: 나노기술의 미래』, 조현욱 옮김, 김영사, 2011, p. 47.

가진 것과 비슷한 능력으로 해석됩니다. 다른 구절 하나를 조금 길게 인용해보겠습니다.

> 나노기술은 생명체가 지구 밖까지 퍼져 나가는 데 도움을 줄 것이다. [……] 나노기술은 기계 속에 마음이 생겨나는 데 도움을 줄 것이다. [……] 이 기술은 우리의 마음으로 하여금 우리의 신체를 갱신하고 새로 만들 수 있게 도와줄 것이다. 이 단계에 비견할 수 있는 과거의 사건은 전혀 없다.[4]

나노기술이 인간의 신체와 정신에도 예전에 상상할 수 없던 변화를 가지고 오리라는 예언입니다. 우리를 지구 밖 세상으로 인도하고, 우리의 낡은 신체를 새것으로 바꿔주고, 동시에 기계에 마음(그리고 아마도 생명)을 불어넣으리라는 것입니다. 그리고 이 모든 것이 인류 역사상 전례가 없는 엄청난 사건입니다. 드렉슬러가 나노기술을 가지고 제시하는 이러한 예언은 아래에서 검토할 다른 종류의 기술-미래 예언에서도 비슷한 형태로 반복됩니다.

『마음의 아이들: 로봇과 인공지능의 미래*Mind Children:*

4 같은 책, p. 61.

그림 5-4
한스 모라벡의 『마음의 아이들』.

The Future of Robot and Human Intelligence』는 로봇 공학자인 한스 모라벡Hans Moravec이 1988년에 출판한 책입니다. 이 책 역시 출판된 지 시간이 꽤 지난 2011년에 한국어로 번역되었습니다. 모라벡은 로봇 공학자이면서 미래학자로서 인공지능, 로봇기술의 발달과 인류의 미래에 대해 저술해 왔습니다. 모라벡은 『마음의 아이들』에서 로봇이 인간의 육체를 물려받은 존재는 아니지만 인간 정신을 물려받은 개체로서 인간 진화의 다음 단계로 등장할 가능성을 제시했습니다. 나노기술에 대한 드렉슬러의 책과 마찬가지로 모라벡의 책에도 인간이라는 존재에 대한 흥미로운 언급들이 많이 있습니다. 요즘 포스트휴먼posthuman 혹은 트랜스휴먼transhuman이라고 부르는 미래 인간 담론과 관련된

것들입니다.

예를 들어 모라벡은 "우리의 마음을 우리의 두뇌 밖으로 끄집어내는 방법이 있는가?"라고 묻습니다. 그렇게 된다면 인간의 육체 안에 존재하는 뇌는 인간에게 그다지 필수적이지 않게 될 것입니다. 모라벡이 이런 생각을 하는 것은 인간 정신작용의 본질이 일종의 계산 알고리즘이라고 보기 때문입니다. 모라벡은 정신이나 영혼이라는 말 대신에 '패턴-동일성pattern-identity'이라는 용어를 써서 인간을 규정하고자 합니다.

> 패턴-동일성은 한 인격, 예컨대 나 자신의 본질을 내 머리와 몸 안에 진행되는 패턴과 과정으로 정의하고, 그 과정을 지지해주는 기계로 정의하지 않는다. 만일 그 과정이 보존된다면, 나는 보존된다. 나머지는 젤리에 불과하다.[5]

정보를 처리하는 패턴과 프로세스가 인간의 본질이고, 그 일이 일어나는 장소, 즉 육체는 인간의 본질이 아니라는 뜻입니다. 이렇게 생각하면 내 육체가 살아서 움직이는 것

5 한스 모라벡, 『마음의 아이들: 로봇과 인공지능의 미래』, 박우석 옮김, 김영사, 2011, p. 203.

이 중요한 게 아니라 이런 프로세스가 보존되는 것이 우선입니다. 모라벡은 정신이라는 프로그램을 단지 저장장치에 불과한 육체로부터 분리시키면서 이렇게 말합니다. "……마음을 하나의 저장 매체로부터 다른 것으로 복제하는 능력은 마음에게 프로그램을 가동하는 기제로부터 독립성과 동일성을 부여할 것이다."[6] 프로그램이 기계에서 독립하고 나면, '젤리'에 불과한 육체에 더 집착할 필요가 없습니다. 육체를 포기하고 정신의 프로그램을 여기저기 이동시키면 영원히 사는 것도 가능해집니다. 여기서 또 기술-미래 예언의 종교적인 특성이 살짝 드러납니다.

기계로서의 육체를 경시하고 프로그램으로서의 정신을 중시하는 인간관은 인공지능과 로봇 연구자들에게서 심심치 않게 볼 수 있습니다. MIT에서 드렉슬러를 지도했던 인공지능 연구의 선구자 마빈 민스키Marvin Minsky도 이와 비슷한 이야기를 했습니다(민스키는 드렉슬러의 책 『창조의 엔진』에 서문을 쓰기도 했습니다). 그는 인간에게 중요한 것은 정신이고 육체는 "고깃덩어리 기계meat machine"에 불과하다고 생각했습니다. 민스키는 1981년 MIT 학생들에게 인공지능에 대해 강연하면서 육체는

6 같은 책, p. 207.

"두뇌를 위한 원격조작장치teleoperator"라고 말했습니다.[7] 결국 우리가 중시해야 하고 이해해야 하는 것은 정신이라는 건데, 이것은 곧 프로그램입니다. "피범벅의 유기질 덩어리"인 육체는 정신을 이해하는 데 중요하지 않습니다. 이런 고깃덩어리들은 결국 기계로 대체해도 상관이 없게 됩니다. 프로그램의 명령을 받아 수행만 하면 되니까요. 그렇다면 인공지능과 로봇의 등장은 모라벡이 말한 것처럼 인간에게서 "마음의 아이들"이 생겨나는 사건입니다. 이런 생각들은 인간 진화의 역사를 바꾸어 새로운 종으로 변화시키는 창조의 능력을 논한다는 점에서 역시 기술-미래 예언의 공통된 특성을 보여줍니다.

나노기술을 다룬 드렉슬러의 책과 인공지능, 로봇을 다룬 모라벡의 책은 모두 1980년대에 처음 출판되었고 한국에는 2011년이 되어서야 소개되었습니다. 반면 레이 커즈와일의 『특이점이 온다』는 영어판이 2005년에 출판됐는데 한국에도 2년 만에 번역되어 나왔습니다. 매우 두꺼워서 다 읽기가 쉽지 않지만 출간 당시 큰 주목을 받았고, 21세기 한국 사회에서 기술-미래를 논할 때 절대 빠지지

7 민스키의 강연 내용은 Sherry Turkle, *The Second Self: Computers and the Human Spirit*(Twentieth Anniversary Edition), Cambridge, MA: The MIT Press, 2005, pp. 233, 268~69에서 재인용.

그림 5-5
레이 커즈와일의 『특이점이 온다』.

않는 책이 되었습니다. 앞서 언급한 책들의 내용이 종합되어 있다고도 할 수 있습니다. 레이 커즈와일은 마빈 민스키가 있던 MIT에서 컴퓨터 과학을 공부했습니다. 학부생 시절부터 컴퓨터 프로그램을 만들어 창업을 했고, 이후 텍스트를 스캔하여 기계가 읽을 수 있도록 하는 광학문자 인식, 음성 인식, 텍스트-음성 전환 등 여러 종류의 기술을 개발했습니다. 심지어는 실제 악기 소리를 모사하는 전자 악기 기술 개발에도 관심을 보였고, 그래서 커즈와일의 이름을 딴 신디사이저 브랜드도 생겨났지요. 천재적이고 혁신적인 엔지니어로 명성을 쌓은 커즈와일은 현재는 구글에서 기계학습과 언어처리 분야의 프로젝트를 맡고 있습니다.

엔지니어로서 쌓은 화려한 경력과 명성을 아는 사람들은 커즈와일이 『특이점이 온다』 같은 저술이나 강연을 통해 제시하는 미래 예측에 더 주목합니다. 앞에서 그의 미래 예측이 얼마나 적중했는지 간단히 따져봤기 때문에, 여기서는 커즈와일이 기술과 인간에 대해 어떤 생각을 가지고 있는지를 살펴보겠습니다. 커즈와일은 특이점을 "미래에 기술 변화의 속도가 매우 빨라지고 그 영향이 매우 깊어서 인간의 생활이 되돌릴 수 없도록 변화되는 시기"라고 설명합니다.[8] 책 제목에 드러나 있듯이, 커즈와일은 특이점이 곧 온다고 주장합니다. "특이점이 온다The Singularity Is Near"라는 제목 자체에 예언자적, 종교적 성격이 들어가 있습니다. "종말이 온다The end is near"라고 외치는 예언자와 비슷한 분위기입니다. 종말이 다가왔으니 회개하고 믿으라는 예언자, 전도사처럼 특이점이라는 미래가 다가왔으니 내 말을 듣고 대비하라는 것처럼 들립니다.

커즈와일의 특이점 예언이 종교적 예언과 다른 점은 기술의 힘에 대한 강력한 믿음에 바탕하고 있다는 것입니다. 커즈와일은 인류가 갖가지 문제를 극복하고 다음 단계로 나아갈 방법은 기술밖에 없다고 말합니다. "결국 인

8 레이 커즈와일, 『특이점이 온다: 기술이 인간을 초월하는 순간』, 장시형·김명남 옮김, 김영사, 2007, p. 23.

류가 무수한 세대 동안 고민해온 난제들을 풀어줄 가능성이 있는 것은 기술뿐이다. 특히 GNR 기술이다."[9] 정치, 제도, 문화 같은 것들도 역할을 하겠지만, 궁극적으로는 그가 GNR이라고 부르는 유전학genetics, 나노기술nanotechnology, 로봇공학robotics 등의 기술이 가장 결정적인 역할을 할 수밖에 없다는 신념이 표출되어 있습니다. 앞서 언급한 드렉슬러와 모라벡의 책에도 비슷한 생각들이 나타나 있고, 또 요즘 나오는 기술-미래 관련 책들이 대체로 이런 가정을 공유하고 있습니다. 하지만 기술 중심적인 미래관의 가장 영향력 있는 근거지는 커즈와일이라고 할 수 있습니다.

커즈와일은 또한 기술-미래가 필연적인 수순이라는 강한 전제를 가지고 있습니다. '특이점이 온다'는 것은 파도가 치듯이 그냥 오는 것이기에 막을 수가 없고, 이를 피하려는 시도는 무의미하다고 봅니다. 이는 기술-미래 예언자들이 자주 사용하는 논리입니다. 그저 파도를 예측해서 잘 타고 앞으로 나가든가 아니면 멍하니 가만히 있다가 파도에 맞아서 쓰러지는 정도의 선택이 있을 뿐입니다. 『특이점이 온다』에서 커즈와일은 "변형된 미래를 피할 수

9 같은 책, p. 580.

는 없다"고 단언합니다. 기술 발전을 막으려는 시도는 "범지구적 전체주의 체제를 구축하여 진보 자체를 통제하는 것"과 다를 바 없습니다.[10] 만약 다가오는 미래를 받아들이지 않는다면 인류가 그냥 진보를 관두겠다고 선언하는 셈이라고 합니다. 그렇게 하는 것을 전체주의적이라고 표현했는데요, 앞으로 다가올 기술-미래는 자연스럽고 바람직한 것인데 이를 거부하는 일은 전체주의적인 방식을 택하지 않고서는 불가능하다는 의미입니다. 이 책 한국어판에 진대제 전 정보통신부 장관이 쓴 「감수의 말」에도 기술-미래의 불가피성에 대한 비슷한 생각이 드러나 있습니다. "아무리 충격적이고 설혹 받아들이고 싶지 않은 예측이라 해도 눈을 감고 외면할 수 없는 이유는, 커즈와일의 말마따나 특이점이 그리 먼 미래가 아닐지 모르며, 완벽하게는 아니더라도 어느 정도는 반드시 이 기술 분석가가 예측한 세상이 도래할 것이기 때문이다."[11]

앞서 드렉슬러, 모라벡, 민스키 등에서 볼 수 있었던 인간의 정신과 육체에 대한 생각을 커즈와일의 『특이점이 온다』에서도 읽을 수 있습니다. 이 책의 한국어판 부제는 "기술이 인간을 초월하는 순간"이라고 되어 있습니다만,

10 같은 책, pp. 567~68.

11 같은 책, p. 9.

영문판 부제는 "인간이 생물학을 초월할 때When Humans Transcend Biology"입니다. 한국어판의 부제도 책의 내용을 잘 반영한다고 볼 수 있고, 또 한국에서는 특이점이 그런 의미로 많이 알려졌습니다. 하지만 영문판 부제가 커즈와일이 궁극적으로 하고 싶어 한 말에 더 가까워 보입니다. "인간이 생물학을 초월할 때"라는 것은 인간이 생물학적인 몸의 제한에서 벗어나서 살 수 있는 순간이 온다는 뜻입니다. 커즈와일은 이런 식으로 영생의 가능성을 말합니다.

> G, N, R 혁명들이 서로 얽혀 일어나면 우리 연약한 버전 1.0 육체는 좀더 내구성 있고 역량 있는 2.0 버전으로 바뀔 것이다. 나노봇nanobot 수십억 개가 몸과 뇌의 혈류를 타고 흐르며 병원체를 물리치고, DNA 오류를 수정하고, 독소를 제거하는 등 육체적 건강을 향상시키기 위한 여러 임무들을 수행할 것이다. 우리는 늙지 않고 무한히 살 수 있을 것이다.[12]

커즈와일은 사람의 몸을 향상시키는 것을 컴퓨터 업그레이드하는 것처럼 생각합니다. 처음 가지고 태어난 약한 버

12 같은 책, p. 412.

전의 몸은 바이오, 나노, 로봇 기술 발전의 결과 훨씬 강한 다음 버전으로 업그레이드될 수 있습니다. 계속되는 업그레이드의 가능성은 곧 영생을 지향하고 있고요.

커즈와일은 인간이 "비생물학적 존재nonbiological existence"로 나아가리라고 생각합니다. 이것은 의학이 발전하여 여러 질병을 더 잘 치료할 수 있게 되고 그래서 평균수명이 늘어난다는 정도의 얘기가 아닙니다. 커즈와일은 바이오기술과 나노기술의 발달로 "사실상 모든 의학적 사망 원인을 극복"하게 되리라고 봅니다. 지금 알고 있는 의학적 사망 원인을 다 해결하고 나면 이제 생물학적인 몸에 구애받지 않는 존재가 될 터인데, 그 과정에서 우리는 "자신을 백업"하는 기술을 가지게 됩니다. "지식, 기술, 인성의 주요한 패턴들을 저장"할 수 있게 되면 결국 우리는 죽지 않는 것이나 마찬가지라는 이야기입니다. 영문판 부제처럼 "인간이 생물학을 초월할 때"가 되는 것입니다.[13]

이 책에는 "우리가 확실하게 알 수 있는 유일한 것은 죽음과 세금이다"라는 말이 인용되어 있습니다. 특이점을 모르거나 받아들이지 않는 일반 사람들의 생각을 표현한 것입니다. 온갖 불확실성으로 가득 찬 우리 인생에서 죽음

13 같은 책, p. 445.

만이 확실한 것이라고 믿고, 유한한 인생을 어떻게 살 것인지 고민하고 인생에 이런저런 의미를 부여하는 사람들이 많습니다. 커즈와일이 보기에 이런 현상은 사람들이 과학기술의 발전으로 인한 특이점의 도래를 알지 못하거나 받아들이지 않아서 생기는 안타까운 일입니다. 커즈와일의 특이점 예언에서는 죽음조차 더 이상 확실한 것이 아닙니다. 특이점을 받아들이면 죽음이라는 사건에 자기 인생의 여러 문제들을 지나치게 엮어서 생각할 필요가 없어집니다. 죽음의 확실성을 의심하게 하고 우리가 인생에 의미를 부여하는 방식 자체를 바꾸어놓으려 한다는 점에서 커즈와일의 특이점 예언은 종교적 성격을 띠고 있습니다.

지금까지 살펴본 예언자들이 설파하는 기술-미래 예언의 핵심 요소는 개인이 기술을 통해 신체를 고치거나 신체에서 탈피하여 영원한 삶, 또는 적어도 지금 상상할 수 있는 것보다 훨씬 긴 삶을 누릴 수 있다는 전망입니다. 이 전망은 단지 의료나 제약 분야의 발전에만 근거를 두고 만들어지지 않습니다. 앞서 보았듯이 정보기술, 나노기술, 바이오기술 등 근래 주목받고 있는 모든 기술 분야의 성과가 인간의 생물학적 초월이라는 방향으로 모아집니다. 각 분야의 개별 기술들은 일상생활, 직장 업무, 산업 구조 등 다양한 측면에도 변화를 가져오겠지만, 많은 기술-미래 예언들이 궁극적으로 도달하는 지점은 영생 또는 수명 연장입니다. 유행하고 있는 기술-미래 담론들을 '예언'이라고 부르는 것은 바로 이러한 특성에 주목하기 위한 것입니다.

최근 한국에서 기술-미래 담론을 증폭시키고 힘을 실어준 것은 2015년에 번역 출간되어 큰 호응을 받은 유발 하라리Yuval Harari의 『사피엔스*Sapiens*』입니다. 이 책의 흥미로운 점은 커즈와일식의 기술-미래 담론이 인류 역사의 큰 흐름의 일부이자 궁극적인 결론으로 붙어 있다는 것입니다.[14] 커즈와일처럼 하라리도 2050년 정도에는 지금까지 사피엔스를 괴롭히던 질병과 노화에서 벗어나 생명을 영구히 지속할 수 있게 된다는 전망을 소개합니다. 생명공학, 사이보그, 인공지능 등 여러 기술-미래 예언에 등장하는 요소들이 하라리의 장대한 역사 서술의 마지막을 장식한 거죠. 그리고 이 지점에서 하라리의 역사학은 생물학으로 또 미래학으로 변형됩니다. 하라리의 서술에 따르면 그동안 힘겹게 역사를 만들어온 사피엔스에게 다가올 다음 단계는 스스로 사피엔스가 아닌 종으로 전환하는 것입

14 유발 하라리, 『사피엔스: 유인원에서 사이보그까지, 인간 역사의 대담하고 위대한 질문』, 조현욱 옮김, 김영사, 2015. 기술-미래 예언의 시각에서 『사피엔스』를 비평한 사례로는 전치형, 「사피엔스의 역사학, 생물학, 미래학」, 『문학과사회』 28권 3호, 2015, pp. 489~508 참조.

니다. 몸을 가진 유한한 인간이라는 구속에서 탈출하는 것이지요. 하라리는 『조선일보』와 한 인터뷰에서 "단도직입적으로 말하자면 2100년 이전에 현생 인류는 사라질 것"이라고 말하기도 했습니다. 현생 인류가 사라지는 것은 기후변화나 핵전쟁 등으로 인한 파국 때문이 아니라 인간이 "생물학적 한계를 뛰어넘은 신적 존재가 될 것"이기 때문이라고 말하죠.[15] 하라리의 이 세계적 베스트셀러는 2016년 알파고의 충격과 맞물리면서 우리가 미래에 대해 얘기하는 방식에 영향을 미쳤습니다. 한국 사람들이 다 같이 호모사피엔스의 미래를 고민하게 된 것입니다.

기술-미래 예언과 인간의 조건

지금까지 살펴본 기술-미래 예언들은 모두 인간이란 어떤 존재이고, 인간의 삶과 죽음의 방식은 기술의 발전에 따라

15 "2100년이면 현생 인류 사라질 것… 알파고가 그 신호탄," 『조선일보』(2016. 3. 12). (http://news.chosun.com/site/data/html_dir/2016/03/12/2016031200305.html). 하라리는 다음 저작인 『호모 데우스*Homo Deus*』에서 이러한 생각을 더 발전시켰습니다.

어떻게 변화할지에 대한 나름의 답을 제시하고 있습니다. 즉 기술이 '인간의 조건human condition'에 어떤 영향을 미치는지에 대한 입장을 표명하고 있는 것입니다. 이 과정에서 기술-미래 예언자들이 가진 기술의 속성에 대한 생각, 또 인간의 기본 조건에 대한 생각이 드러납니다. 그렇다면 기술-미래 예언에서 공통적으로 보이는 몇 가지 특성을 정리해보겠습니다.

기술의 역사를 되짚어볼 때, 기술이란 '인간의 조건을 개선하려는 의지와 실천'이라고 표현할 수 있습니다. 우리 육체가 가진 조건과 한계, 노동과 삶의 질, 개인들 사이의 관계와 사회 전반의 구조 등을 우리가 처한 인간의 조건이라고 본다면, 지난 수백 년 혹은 수천 년 동안 기술은 인간의 조건을 때로는 느리게, 때로는 빠르게 개선해온 활동이라고 볼 수 있습니다. 2007년에 출판되어 기술사학자들의 호평을 받은 기술사 개론서는 "개선의 문화A Culture of Improvement"라는 제목을 달고 있습니다.[16] 지난 천 년 동안 서양의 기술과 사회의 역사를 요약하는 문구라고 볼 수 있습니다. 인간의 조건을 끊임없이 개선하려는 의지가 발현된 것이 곧 근대 기술의 역사라는 것입니다.

16 Robert Friedel, *A Culture of Improvement: Technology and the Western Millenium*, Cambridge, MA: The MIT Press, 2007.

기술의 역사를 연구하는 사람들이 가진 이런 시각과 비교할 때, 기술-미래 예언자들이 제시하는 전망은 기술을 통해 '인간의 조건을 초월하려는 욕망'을 보여줍니다. 기술-미래 예언자들은 그 초월의 가능성과 당위성을 설파하는 사람들입니다. 생로병사라는 인간의 기본적인 조건을 조금씩 개선하는 데 그치지 않고, 그것을 아예 초월하는 것이 가능하다고 믿고 그렇게 해야 한다고 말하는 것입니다. 지금까지 인간을 인간이게 했던 여러 조건들이 우리가 추구하는 목적(영생)에 걸림돌이 된다면 기술을 통해 제거할 수 있다는 믿음입니다. 이는 많은 역사학자들이 가지고 있는 기술 개념과 다르며, 여기에서 기술-미래 예언의 종교적 성격이 드러납니다.

"인간의 조건"이라는 문구는 사실 『예루살렘의 아이히만』 『전체주의의 기원』 같은 중요한 저작을 발표한 정치철학자 한나 아렌트Hannah Arendt가 1958년에 펴낸 책의 제목이기도 합니다. 『인간의 조건』 서문에 당대의 기술과 인간의 조건에 대한 흥미로운 언급이 있습니다. 아렌트는 이 책을 출판할 무렵 인간의 조건 자체에 의문을 제기하는 두 가지 사건 혹은 변화를 목격하는데, 둘 다 과학기술과 관련된 것들이었습니다. 과학기술 발달이 아렌트에게 인간의 조건을 다시 생각하게 하고, 이런 시대에 정치의 의미와 역할이 무엇이어야 하는지를 고민하게 한 거죠.

첫번째는 스푸트니크호 발사와 생명공학의 등장입니다. 아렌트는 『인간의 조건』 서문을 책 출판 바로 전 해인 1957년에 소련이 발사한 스푸트니크호 이야기로 시작합니다. 아렌트뿐만 아니라 전 세계 사람들에게 큰 충격을 주었던 스푸트니크호 발사 성공에 대해 여러 종류의 반응이 쏟아져 나왔지만, 그중에 아렌트는 이 사건이 그동안 지구에 속박되어 있던 인간의 근본적 조건을 벗어나려는 시도라는 해석에 주목합니다. SF 등에서 상상으로 다뤄지던 지구 탈출 시도가 현실로 벌어지는 것에 아렌트는 큰 의미를 부여했습니다. 스푸트니크호는 지구 자체가 "인간 육체에 대한 감옥"과 같다는 생각에 무게를 실어주었습니다.[17] 더 이상 지구만이 인간 삶의 터전이 아닐 수 있다는 상황은 대단한 충격이었습니다. 그러면서 아렌트는 당시 시험관에서 인공적으로 생명을 만들어내거나 수명을 연장하려고 노력하는 생명공학 연구도 언급합니다. 이 역시 자연 상태의 생물학적 몸이라는 오래된 인간의 조건에서 탈출하려는 시도라는 것입니다. 지구 또는 자연이라는 구속을 벗어나 우주로 나가고, 또 생명을 연장하거나 만들어

17 한나 아렌트, 『인간의 조건』, 이진우 옮김, 한길사, 1996, p. 50.

내려는 의지가 이미 1950년대 말에 발현되고 있었습니다.

아렌트가 주목한 두번째 경향은 자동화automation입니다. 1950년대 후반 미국에서는 자동화에 대한 논쟁이 한창이었습니다. 자동화의 물결로 인해 인간이 오랫동안 자신을 규정하고 인생에 의미를 부여하는 데 중요한 역할을 했던 노동으로부터 배제될 수 있다는 전망이 나오고 있었지요. 요즘 인공지능이나 로봇을 두고 나오는 얘기들과 비슷합니다. 기계에 밀려 인간이 더 이상 일을 하지 않거나 할 수 없는 상황은 오래된 인간의 조건을 뒤흔드는 또 하나의 위협이었습니다. 기술의 발달로 인해 인간을 인간이게 하던 것들이 사라지거나 변화하는 상황이라는 점에서 자동화는 스푸트니크호나 생명공학과 유사한 점이 있었습니다. 아렌트는 이렇게 과학기술과 관련된 얘기들을 서문에 깔면서 앞으로의 인간 조건의 변화를 고민해야 한다고 지적합니다.

과학기술과 인간의 조건이라는 주제에서 아렌트가 강조하는 것은 이것이 정치의 문제라는 점입니다. 원하는 사양을 갖추고 수명이 100세가 넘는 "보다 우월한 인간" "미래의 인간"을 100년 안에 만들어낼 것이라는 과학자들의 예측에 대해 아렌트는 아마 그럴 수 있으리라고 인정합니다. 이미 그 당시에 핵무기로 지구상의 모든 생명을 파괴할 능력을 갖추었으니 그 반대도 가능하리라는 것이죠. 그러나 아렌트는 이렇게 덧붙입니다.

> 문제는 우리가 과학과 기술의 새로운 지식을 이런 목적을 위해 사용하기를 원하는가이다. 이 문제는 과학적 수단으로 결정할 수 없다. 그리고 그것은 가장 우선적인 정치 문제인 까닭에 전문과학자나 직업정치가에게 그 결정을 결코 맡길 수 없다.[18]

과학기술의 발달이 인간 조건의 근본적인 변화를 예고하는 상황에서, 이것을 사실 여부를 따지는 과학의 문제나 이해관계를 다투는 현실정치의 문제로 좁히지 말고 한 시대의 방향을 결정하는 거대한 정치의 문제로 다루어야 한다는 것입니다.

1950년대 말 스푸트니크호, 생명공학, 자동화를 목격하면서 아렌트가 고민한 질문들은 요즘 기술-미래를 논할 때도 도움이 됩니다. 인간의 조건을 개선하기보다는 초월하려 한다는 기술-미래 예언의 특성을 이런 맥락에서 다시 생각해봅시다. 앞서 언급했듯이 드렉슬러, 모라벡, 커

18 같은 책, p. 51.

즈와일 같은 사람들에게서 공통적으로 드러나는 몇 가지 생각이 있습니다. 이들에게 육체는 무의미한 것이고, 죽음은 피해야 할 일입니다. 또 지구는 감옥 같은 곳이고, 지금까지의 역사는 미래로 나아가는 데 유용한 참고가 되지 못합니다. 우리가 지향해야 할 것은 이 모든 조건을 초월하여 인간이 '비생물학적 존재'로 '진화'하는 것입니다. 이것은 인간 '사회'를 '진보'시키는 것과는 구별되는 목표입니다. 이상화된 기술-미래에서는 역사보다 진화가 더 중요한 의미를 띠게 됩니다. 기술이 제시하는 가능성을 받아들이면, 우리는 생물학적 존재일 필요가 없고, 이제 아프지 않고 영원히 사는 단계로 진화해나가게 됩니다. 비생물학적인 단계는 탈사회적 단계라고도 할 수 있습니다. 이러한 과정에서는 인간이 굳이 사회적 존재일 필요도 없습니다. 사회적으로 토론하고 해결해야 할 문제들이 점점 없어지니까요. 여기서 우리는 아렌트가 고민했던 것과는 다른 방향, 즉 기술-미래의 개인화, 비정치화 경향을 볼 수 있습니다.

기술-미래 예언
비판적으로 읽기

인간의 조건을 곧 초월하리라는 기술-미래 예언의 논리는 자기계발서와 비슷한 모습을 띠는 경우가 많습니다. 특이점과 같은 급격한 기술-미래의 지점이 반드시 도래한다는 전망, 그것은 필연적인 변화이며 막거나 피하려는 것은 어리석은 일이라는 진단, 그렇다면 개인이 할 수 있는 일은 현명하게 그때를 대비하고 적응하는 것뿐이라는 조언이 서로 연결되어 제시됩니다. 기술-미래에 대한 예언은 곧 생존을 위한 준비를 하라는 명령으로 변환됩니다. "그러니 깨어 있어라. 너희의 주인이 어느 날에 올지 너희가 모르기 때문이다"(「마태복음」 24장 42절)라는 복음 구절처럼 단지 정확한 날짜를 모를 뿐 곧 닥칠 것이 분명한 기술-미래를 맞이하는 과제가 대부분의 사람들에게 부과됩니다. 일자리, 인간관계, 건강 문제, 여가생활 등 개인 삶의 모든 영역을 기술-미래가 도래한다는 가정하에 재검토할 것을 요구받습니다.

자기계발서에서 도움이 되는 내용을 취하면서도 자기계발 담론을 비판적으로 바라볼 필요가 있듯이, 기술-미래 예언도 비판적으로 해석해볼 여지가 있습니다. 기술-

미래에 대한 조언 혹은 명령의 위력은 '미래사회의 불확실성'을 '미래 기술의 확실성'으로 바꿔서 제시할 권위가 있는 기술-미래 예언자들로부터 발생합니다. 기술 전문가가 아닌 사람들이 기술의 발전 속도나 경로에 대해 비판하거나 기술의 성능에 문제를 제기하기는 당연히 쉽지 않습니다. 기술-미래 예언을 비판적으로 읽는다는 것은 이 예언들이 어떤 내러티브를 통해서 대중에게 전달되고 있는지, 그 내러티브들에서 공통적으로 보이는 구조는 무엇인지, 이 예언들은 기술과 인간의 조건에 대해서 어떤 입장을 취하고 있는지, 왜 요즘 기술-미래에 대한 논의들이 더 활발해지는지를 물으면서 읽는다는 뜻입니다. 그렇게 파악한 기술-미래 예언의 구조와 특성이 자신의 세계관과 어떤 점이 부합하고 어떤 점에서 차이가 있는지를 따져보는 것도 유익하리라 생각합니다. 비판적 읽기를 통해서 기술-미래 예언 중 자신의 삶에 도움이 되는 부분도 더 잘 발견할 수 있을 것입니다.

기술-미래 예언을 비판적으로 읽으면서 생각할 수 있는 또 하나의 주제는 기술-미래를 개인적 차원이 아닌 사회적 차원에서 논의해야 할 필요성입니다. 많은 기술-미래 내러티브에서는 기술이 개인의 편의, 건강, 영생 등에 도움을 줄 가능성을 중요하게 다룹니다. 육체와 죽음 등 인간의 조건을 개인적 차원에서 어떻게 초월할 수 있을지에 대한 이야기들이지요. 이런 가능성들을 받아들이고 현명하게 소비하는 것도 좋지만, 개인이 아닌 공동체 차원에서 기술을 통해 인간의 조건을 어떻게 향상시킬까에 대한 논의도 필요합니다. 즉 인간의 조건을 '개인'적으로 '초월'하는 것뿐 아니라 이를 '사회'적으로 '개선'하려는 시도에 기술을 어떻게 사용할 것인가에 대한 토론 말이죠. 가령 가난, 불평등처럼 오래된 인간의 조건들을 어떻게 바꿀 것이며 그 과정에 기술이 어떤 역할을 해야 하는지를 생각해볼 수 있습니다.

이것은 기술-미래 예언을 그대로 수용하는 방식으로는 가능하지 않습니다. 집단적 토론을 통해서 기술-미래의 내러티브를 직접 만들어보고 이것을 다른 관점의 내러티브와 비교해가면서 수정, 발전시키는 과정이 필요합니다. 대부분의 훌륭한 예언이 그렇듯이, 기술-미래 예언도 그것을 접한 사람들이 스스로 생각하고 행동할 계기를 만들 때 가장 좋은 효과를 낼 것입니다.

6강

미래를 약속하는 과학기술

5강에서 기술-미래 예언자들이 제시하는 미래상을 비판적으로 검토하려 했다면, 이번에는 한 걸음 더 들어가 과학기술과 미래의 관계를 생각해보려 합니다. 과학기술이 우리에게 어떤 미래를 약속하는지를 묻기 전에 과학기술이 미래를 약속하게 된 사실 자체에 주목해보려는 것입니다. 과학기술은 왜 미래를 약속하는 일에 참여하는가, 미래를 약속하는 과학기술은 그렇지 않은 과학기술과 무엇이 다른가, 이런 질문들이 가능하겠습니다. 물론 미래를 약속하는 것이 과학기술의 핵심 기능은 아닙니다. 하지만 과학기술에서 점점 더 많은 영역이 미래에 대한 약속을 만들어내고 있는 게 사실입니다.

앞에서 보았듯이 학계와 시장에 새로 등장한 분야는 미래에 대한 약속을 퍼뜨리면서 주목을 받고 성장합니다. 전통적인 과학기술 분야들도 그 존재 의의를 점점 더 미래와 결부해서 새롭게 제시하라는 압력을 받고 있고요. 미래에 대한 약속을 만들어내는 것이 투자와 지원을 얻어내는 과정에서 무시할 수 없는 역할을 하고 있기 때문입니다. 과학기술이 미래에 대한 약속을 만들어내고, 또 그 약속에 대한 기대가 과학기술 활동에 영향을 미치는 연쇄구조가 생겨나고 있습니다. "약속하는 과학기술"[1]의 등장과 확산은 우리가 과학기술을 이해하는 관점이나 과학기술의 사회적 위상과 역할에 대한 인식을 변화시킵니다. 이번 6강에서는 미래에 대한 '약속'과 '기대'가 과학기술의 당연한 부분이 아니라 해석과 성찰이 필요한 현상임을 이야기해 보고자 합니다.

1 과학기술 인류학자 마이크 포툰Mike Fortun의 책 『게놈 연구의 약속 *Promising Genomics*』에서 그가 제시한 용어 "약속하는 과학promissory science"을 빌려온 것입니다.

눈부신 약속 혹은 헛된 기대

로버트 에틴거Robert Ettinger의 『냉동 인간*The Prospect of Immortality*』은 과학기술에 근거한 약속과 기대의 결정판이라 할 수 있는 책입니다. 에틴거는 수학과 물리학을 공부하고 가르쳤지만 그보다는 인체 냉동보존술cryonics의 주창자로 유명한 인물입니다. 냉동보존술에 대한 자신의 생각을 널리 알리고 싶었던 에틴거는 책을 내려고 원고를 썼는데, 유명 출판사인 더블데이의 관심을 끌어 1964년에 책을 출판할 수 있었습니다. 그 과정에서 과학자이자 SF 작가인 아이작 아시모프Isaac Asimov가 원고의 과학적 내용을 검토했다고도 알려져 있습니다.[2] 앞에서 논의한 기술-미래 예언서들이 나오기 훨씬 전에 출판되었다는 점을 고려하면 에틴거가 제시한 예언이나 약속의 강도가 대단하다고 하겠습니다.

에틴거는 이 책에서 바로 불멸에 대한 기대, 영생에

2 에틴거와 그의 책의 출판 과정에 대한 정보는 위키피디아(https://en.wikipedia.org/wiki/Robert_Ettinger)와 그가 세운 냉동보존술 연구소 웹사이트(http://www.cryonics.org/ci-landing/history-timeline/)에서 얻었습니다.

그림 6-1
로버트 에틴거의 『냉동 인간』.

대한 약속을 다루고 있습니다. 영어판 제목이 바로 "불멸의 전망"입니다. 한국어판 제목 "냉동 인간"은 불멸에 이르기 위한 수단이고요. 영화에서 많이 볼 수 있듯 인간의 신체를 얼려서 보존한 후 미래에 나노기술, 생명과학기술이 충분히 발전했을 때 냉동 인간을 녹여서 다시 살려내자는 주장입니다. 만약 병이 있었다면 그 진행을 멈추게 했다가 신체를 다시 녹이는 시기의 발달된 과학기술로 고칠 수 있으리라는 전망입니다. 이것이 가능하려면 일단 아주 저온으로 냉동하는 기술이 필요합니다. 무조건 찬 용기에 집어넣는다고 냉동 인간이 되어 영원히 살게 되는 것은 아니고, 냉동과 해동 시에 조직 손상이 없도록 하는 고도의 기술이 필요합니다. 에틴거는 언젠가 온도를 관리하는 기술, 나노기술, 의료기술이 발전해서 손상된 인간의 신체를 되돌릴 수 있으리라고 기대했습니다.

이런 얘기는 5강에서 언급했던 『창조의 엔진』이나 『마음의 아이들』에 나온 내용과 비슷하지만, 이 책들보다 20년 정도 먼저 나왔다는 점을 고려하면 에틴거의 주장이 가장 급진적이라고 할 수 있습니다. 『냉동 인간』이라는 제목만 들으면 황당하다고 느낄 수 있지만 이 책은 오래 살고 싶어 하는, 또는 영원히 살고 싶어 하는 인간의 심리를 효과적으로 건드립니다. 100년 후가 될 수도 있고 200년 후가 될 수도 있는 먼 미래에 대한 약속이지만, 속는 셈 치고 한번 믿어보면 어떨까라는 생각이 들게 합니다. 에틴거는 독자를 이렇게 설득합니다.

> 설령 미래의 과학이 얻게 될 능력에 의구심을 품는다고 해도, 냉동고는 여전히 무덤보다는 매력적이다. 운이 나쁘면 얼마나 나쁘겠는가. 냉동된 사람들은 무덤에서와 마찬가지로 단순히 죽어 있는 상태로 남아 있게 될 뿐이다. 그러나 운이 좋아서 과학의 명백한 운명이 실현된다면, 소생한 자들은 수 세기 후의 와인 맛을 볼 것이다. 상품이 너무나 어마어마해서, 아주 가느다란 확률이라도 움켜쥘 가치가 있다는 것이다.[3]

그러니까 이것은 거부하기 힘든 제안입니다. 누구나 어차피 죽는 건 똑같지만, 약속을 믿고 냉동고에 들어간 사람은 운이 좋고 과학기술이 발전하면 깨어납니다. 과학기술이 약속을 지키지 못한다 해도, 원래 죽어 있는 것이니까 딱히 더 손해 보는 것도 아닙니다.

에틴거는 이런 제안을 하는 데 그치지 않고 더 강한 얘기도 합니다. 거의 협박에 가깝습니다. 냉동고에 들어가 불멸의 삶을 시도하는 것은 더 이상 선택사항이나 고민거리가 아니라는 것입니다.

> 소생할 기회가 인식된 상태에서 일시적인 죽음, 혹은 임상사는 죽음으로 여겨지기 어려우며, 따라서 냉동은 생명을 구하거나 연장하기 위한 그럴 법한 수단으로 인식되어야 마땅하다. 때문에 냉동 방법을 사용하지 않는 것은 자살과 다를 바가 없다는 결론이 뒤따른다. 스스로 냉동하지 않겠다고 결정 내리는 것은 자살과 다름없는 것이며, 가족에 대해서 다른 가족이 같은 결정을 내렸을 때는 살인이 되는 셈이다.[4]

3 로버트 에틴거, 『냉동 인간』, 문은실 옮김, 김영사, 2011, p. 40.
4 같은 책, p. 152.

냉동되었다가 깨어나서 다시 살 수 있는데 그것을 하지 않는 것은 곧 자살 행위라고 말하고 있습니다. 에틴거가 말하는 과학기술 발전의 약속을 믿지 않는 사람에게는 황당한 얘기지만, 그것을 믿는 사람에게는 죽음, 자살, 살인의 의미를 새롭게 규정하는 중요한 지적이었을 겁니다.

약속이든 협박이든 에틴거의 대담한 생각이 그냥 책 속에 머물렀다면 지금 이렇게 소개할 일은 없었을지도 모릅니다. 하지만 에틴거의 냉동 인간 아이디어는 책으로 끝나지 않고 실제로 구현되었습니다. 에틴거는 1976년 미국 미시건 주에 냉동보존술 연구소Cryonics Institute를 세웠습

그림 6-2 냉동보존술 연구소의 내부 모습.

니다. 에틴거의 약속, 그가 제시한 과학기술의 가능성을 진지하게 믿는 사람들은 이곳에서 냉동 인간이 될 수 있습니다. 1977년 처음으로 냉동된 사람은 에틴거의 어머니였습니다. 두번째 사람은 1987년에 냉동 상태에 들어간 에틴거의 첫 부인이었습니다.[5] 그리고 2018년 현재 약 165명이 냉동 상태에 있습니다. 자기 몸을 냉동하기 원하는 사람은 미리 돈을 내고 회원으로 가입할 수 있습니다. 일종의 예약인 셈인데, 현재 회원은 2천 명가량입니다.[6] 5강에서 언급했던 『창조의 엔진』 저자인 나노공학자 드렉슬러도 냉동보존술의 지지자라고 알려져 있습니다. 물론 아직 깨어나서 새 생명을 얻은 냉동 인간은 없습니다. 다들 그럴 날이 오기를 기다리고 있는 상태죠. 냉동보존술 연구소에서는 사람뿐 아니라 동물을 위한 냉동 서비스도 제공합니다. 미래 어느 날 긴 잠에서 깨어날 때 자신이 사랑했던 반려동물과 다시 만나기를 원하는 사람들이 있기 때문입니다.

물론 이곳에서 살아 있는 사람을 냉동하는 것은 아닙니다. 세포와 조직의 손상을 최소로 하려면 공식 사망 전

5 냉동보존술 연구소 위키피디아(https://en.wikipedia.org/wiki/Cryonics_Institute).

6 Eleanor Lawrie, "Are 'Cryonic Technicians' The Key to Immortality?," *BBC NEWS*(20 March 2018). (https://www.bbc.com/news/business-43259902).

에 냉동 처리를 하고 싶을 수도 있겠지만, 당연히 그것은 허용되지 않기 때문에 현재의 의학적, 법적 기준으로 환자가 사망하자마자 냉동 처리를 합니다. 연구소 웹사이트에서는 회원이 뜻하지 않게 갑자기 사망한 경우 신속한 냉동을 위해 어떻게 연락을 취하고 절차를 밟아야 하는지 설명해줍니다. 그러니까 여기 냉동된 사람들은 공식적으로는 모두 사망한 것이 맞지만, 냉동보존술 서비스를 제공하는 측은 이들의 상태를 그렇게 표현하지 않습니다. 2010년 『뉴요커*The New Yorker*』에 에틴거와 냉동보존술에 대한 글을 쓰기 위해 이곳을 방문해서 취재한 하버드 대학 역사학과 교수 질 르포어Jill Lepore에게 연구소 담당자는 이렇게 말했다고 합니다. "우리 환자들은 궁극적인 의미에서 진짜로 죽은 것은 아닙니다."[7] 죽었지만 진짜 죽은 것은 아니라는 말입니다.

이들에게 현재 기준의 의학적 죽음은 앞으로 얻게 될 생명의 가능성을 의미합니다. 냉동보존술을 믿는 사람들에게 이곳의 냉동창고는 죽음과 생명이 희망적으로 공존하는 곳입니다. 냉동보존술 연구소 웹사이트(www.cryonics.org)에 들어가면 "생명을 위한 기술technology for

7 Jill Lepore, "The Iceman," *The New Yorker*(25 January 2010). (https://www.newyorker.com/magazine/2010/01/25/the-iceman).

life" "당신의 미래에 오신 것을 환영합니다welcome to your future" 같은 희망의 메시지들을 볼 수 있습니다.

SF 영화 속 이야기가 아니라 실제로 행해지고 있는 냉동보존술은 한국에 널리 알려질 기회가 없었습니다. 그런데 『창조의 엔진』과 『마음의 아이들』이 번역 출간된 2011년에 에틴거의 『냉동 인간』도 같은 출판사에서 번역 출간되었습니다. 영어로 출간된 지 거의 50년이 다 되어서 한국에 소개된 것입니다. 한국어판을 낸 출판사는 "인간 생명의 역사는 이 책을 통해 새롭게 쓰여질 것이다. 국내 최초로 공개되는 인체 냉동보존의 비밀"이라고 홍보했습니다. 50년 전의 과학을 바탕으로 쓰인 책을 최신 과학책처럼 홍보한다고 생각할 수도 있지만, 냉동을 통해 다시 한 번, 또는 영원히 살고 싶은 사람들의 기대는 50년이 지나도 변하지 않았다고 해석할 수도 있겠습니다. 한국어판 부록에는 저자 에틴거가 한국 독자들에게 전하는 말이 실렸습니다. "나는 이번 한국어판의 출간을 계기로 진취적이고 혁신적인 한국 사람들이 냉동보존에 대해 잘 알게 되면, 우리의 발자취를 따르는 데 그치는 것이 아니라, 새로운 발걸음을 정력적으로 내딛으리라는 기대감에 가득 차 있다." 50년 전에 자신이 제시한 비전이 한국에서 더 크게 꽃피우기를 바랐던 것으로 보입니다.

2011년은 냉동보존술의 역사에 꼭 기록될 해입니다. 한국어판이 2011년에 출간된 것도 기억할 만한 사건이지만 그 때문만은 아닙니다. 우연이라고 할 수도 있고 반전이라고 할 수도 있겠는데, 『냉동 인간』 한국어판이 출간된 지 얼마 지나지 않은 2011년 8월에 로버트 에틴거가 사망했습니다. 그리고 당연히 그의 몸은 냉동되었습니다. 에틴거의 부고를 실은 영국 신문 『텔레그래프*The Telegraph*』는 기사 제목을 이렇게 뽑았습니다. "냉동보존술의 아버지 로버트 에틴거, 당분간 사망하다." 이제 에틴거는 그의 어머니, 부인과 함께 언젠가 해동되어 새로운 생명을 얻게 될 날을 기다리고 있습니다. 에틴거는 스스로의 몸을 통해 자신이 믿고 전파한 영생의 전망을 실현하고자 한 것입니다.

과연 미래의 과학과 의학이 약속을 지켜서 냉동 인간들에게 새로운 생명을 가져다줄지 우리가 직접 확인하기는 어려울 것입니다. 우리가 사는 동안 그 약속이 실현될 가능성은 거의 없고, 만약 정말 확인하고 싶다면 에틴거를 따라 우리 자신의 몸을 냉동하고 기다려야 하기 때문입니다. 확인하려면 일단 믿어야 합니다. 아니면 꼭 믿지 않더라도 그 가능성을 보고 자신의 몸과 돈을 투자해야 합니다. 아주 작은 가능성을 보고서 용기 있게 투자하는 사람만이 그 열매를 조금이라도 맛볼 수 있다는 점이 바로 이런 종류의 약속이 지닌 특성입니다. 대담한 과학은 대담한 투자자를 필요로 합니다.

사실의 과학에서 약속의 과학으로

불멸과 영생에 대한 약속이 아니더라도 요즘에는 과학이 여러 가지 약속을 많이 합니다. 예를 들어 인간 게놈 프로젝트를 실시해서 유전자 연구를 하면 여러 질병의 원인과 메커니즘을 밝혀낼 수 있고, 그러면 신약을 개발해서 병을 고치거나 유전자에 개입하여 병을 예방할 수 있다고 약속합니다. 또는 뇌 연구에 집중적으로 투자하면 10년, 20년 내에 뇌의 구조와 기능을 밝혀내고 치매를 막을 수 있다는 식의 약속도 합니다. 게놈이나 뇌 연구처럼 널리 알려지고 막대한 비용이 들어가는 대형 프로젝트 외에도 수많은 과학 연구들이 미래에 무엇이 가능할지를 약속하면서 시작합니다. 우리가 보는 과학 뉴스의 상당 부분이 이런 약속들을 전달하는 것으로 채워지지요. 보통은 놀랍고 희망찬 약속들입니다. 아마도 많은 사람들이 이런 것은 별로 새로울 것도 없는 익숙한 일이라고 생각할 겁니다.

하지만 좀더 생각해보면 과학과 약속의 관계가 그렇게 당연한 것은 아닙니다. 우리가 중고등학교 교과서에서 배우는 과학은 어떤 미래를 약속하는 것과는 별로 관계가 없습니다. 우리는 보통 과학이 자연을 있는 그대로 관찰하고, 실험을 통해 그 작동 원리를 밝혀내는 활동이라고 배웁니다. 즉 과학은 자연을 설명하는 일입니다. 과학자들이 자연의 과거와 현재 상태를 점점 더 객관적이고 정교하게 설명하는 법을 익히면 곧 자연의 미래 상태를 예측할 수 있게 됩니다. 자연이 따르는 법칙을 알아내면 앞으로 자연이 어떻게 움직여갈지도 알 수 있습니다. 하지만 이런 '예측'과 앞서 언급한 '약속'은 다릅니다. 예측은 자연을 대상으로 하는 것이고 약속은 인간과 사회에 대해 하는 것입니다. 예측을 만드는 것은 과학의 역사에서 매우 오래된 일이지만, 약속을 만드는 것은 최근의 일입니다. 과학이 자연을 설명하고 예측하는 데서 그치지 않고, 그것을 바탕으로 인간과 사회에 어떤 약속을 제시하는 것이 점점 더 중요해지고 있습니다. 과학을 통해 우리는 무엇을 할 수 있고 무엇이 될 수 있는지 약속하는 것이 오늘날 과학이 작동하는 중요한 방식이 되었습니다.

과학기술 인류학자인 마이크 포툰은 『게놈 연구의 약속』이라는 책에서 아이슬란드의 생명공학 기업이 아이슬란드 국민 전체를 대상으로 게놈 데이터베이스를 만드는 프로젝트를 분석했습니다. 이 책의 제목 “Promising Genomics”는 중의적으로 쓴 표현으로 보이는데요, 흔히 말하는 식으로 게놈 연구의 ‘전망이 밝다’는 의미도 있지만 게놈 연구가 계속해서 ‘약속을 만들어낸다’는 뜻도 담고 있습니다. 약속을 만들어내기 때문에 전망이 밝다고 해석할 수도 있겠습니다.

아이슬란드는 남한과 비슷한 면적의 섬에 약 30만 명의 사람들이 살고 있는 나라입니다. 아이슬란드 인구의 유전자는 매우 균질하게 잘 보존되어 있다고 알려져 있습니다. 그래서 이 인구 집단 전체를 대상으로 데이터베이스를 만들고 분석하면 일반적인 유전자 연구에도 큰 함의를 줄 수 있는 결과를 얻을 것이라고 전망되어왔습니다. 포툰이 분석한 아이슬란드의 디코드 제네틱스deCode Genetics사는 프로젝트를 추진하면서 여러 장밋빛 약속들을 쏟아냈고, 그를 통해 대규모 투자와 지원을 받았습니다. 그런데 희박하지만 놀라운 가능성을 보고 하는 투자는 쉽게 투기의 영역으로 들어가 버립니다. 거품이 생기고 마침내는 그 거품이 터집니다. 거품이 터지면 더 이상 돈이 들어오지 않고, 연구를 계속할 수가 없고, 사람들의 관심도 끊어집니다. 거품이 터진 곳에서 더 건질 것이 없어진 과학자와 투자자는 새로운 가능성, 새로운 약속을 만들어낼 수 있는 영역으로 옮겨 갑니다. 포툰은 이런 식으로 작동하는 과학을 "약속하는 과학promissory science"이라고 불렀습니다.

이처럼 가능성과 약속의 생산이 긍정적으로든 부정적으로든 과학 활동에 필수불가결한 부분이 된 현상에 주목할 필요가 있습니다. 보통 인문학이나 사회과학과 대조되는 자연과학의 특성을 설명할 때 과학은 사실is의 문제를 다룰 뿐이고 당위ought to나 가치value의 문제에는 무관심하다고 합니다. 어떤 가치나 당위에 대한 판단이 들어가면 그것은 윤리나 정치의 영역이지 과학의 영역이 아니라고 말합니다. 과학의 특성을 이해하는 데 나름대로 유용한 구분입니다.

그런데 '약속하는 과학'은 예전처럼 사실과 당위의 구분만으로 그 특성을 규정하기가 어렵습니다. 약속하는 과학은 사실what is을 확립하는 데에서 그치지 않고 가능성what can be 제시를 중요한 요소로 삼습니다. 여기서 가능성은 당위나 가치와는 다른 종류의 개념입니다. 당위나 가치가 주장하고 실천하는 것이라면 가능성은 주로 약속하는 것입니다. 많은 사람들이 당위나 가치는 과학의 영역을 넘어서 있다고 판단하는 반면, 가능성은 과학에 바탕을 두고 있다고 인정합니다. 그래서 가능성을 제시하고 미래를 약속하는 과학은 제대로 된 과학이 아니라는 의심을 받지 않고 오히려 관심과 투자의 대상이 되는 경우가 많습니다.

'사실의 과학'과 '약속의 과학'을 다소 도식적으로 비교해서 정리해보겠습니다. '사실의 과학'은 자연을 있는 그대로 재현하고 이해하려는 시도가 중심이 됩니다. 자연이 어떻게 작동하는지를 객관적으로 관찰하고 실험하고 분석하는 것입니다. 17세기 이후의 근대과학이 꾸준히 견지해온 과학의 속성이고, 우리에게도 익숙한 방식의 과학입니다. '약속의 과학'도 물론 자연의 재현과 이해에서 출발하지만 그것이 최종 목적은 아닙니다. 단지 과학적 사실을 쌓는 것으로 만족하는 것이 아니라 자연에 조작을 가하고, 인간에게 유용한 것을 만들어내서 새로운 지식 이외의 가치를 창출할 수 있다는 가능성을 제시하고자 합니다. 다시 말해 과학 활동의 결과물은 '사실'이 아니라 '약속'이 되는 것입니다. '약속의 과학'이 생산하는 약속의 내용은 편리, 건강, 돈 같은 것들입니다. 대체로 편리와 건강을 증진하는 과학기술을 개발하여 돈을 벌어들일 수 있다는 식의 약속입니다. 이것이 기존의 발견이나 발명 활동과 다른 것은 아직 이루어지지 않은 발견과 발명의 가능성을 가지고 미래에 대한 약속을 서슴없이 하는 경우가 많아지고 있기 때문입니다.

'사실의 과학'과 '약속의 과학'은 그것이 유통되는 창구나 그 결과에 대한 보상도 다릅니다. '사실의 과학'은 주로 학술지에 발표하는 논문의 형태로 유통됩니다. 논문 발표의 가장 대표적인 보상은 새로 창출한 지식에 대한 동료 과학자 사회의 인정입니다. 물론 교수나 연구원으로서 취직, 승진, 연봉에서 이득을 얻게 된다는 것도 중요한 부분이지만, 일차적으로는 새로 생산한 과학적 사실이 동료들의 검증을 거쳐 신뢰할 만한 지식으로 인정받는 것이 가장 확실한 보상입니다. 이에 비해 '약속의 과학'은 반드시 논문의 형식을 빌려 작동할 필요가 없습니다. 미래에 대한 약속은 주로 연구비 제안서, 보도자료, 강연, 기자회견 등의 창구를 통해 유통됩니다. 약속의 메시지가 향하는 곳은 비슷한 연구를 하고 있는 동료나 경쟁 연구자가 아니라 연구비 심사자, 투자자, 언론, 일반 대중 등입니다. 이들이 미래의 약속을 허황된 것으로 치부하지 않고 진지하게 받아들이면, 해당 연구에 대한 사회적 관심이 늘어나고, 이를 지원하기 위한 민간 투자나 정부의 재정적, 제도적 지원으로 이어집니다. '약속의 과학'은 관심과 투자를 먹고 자랍니다. '약속의 과학'에서 이른바 언론 플레이나 정치적 네트워킹은 필수적입니다.

대박의 꿈

여기까지 말씀드렸을 때 아마 황우석 박사를 떠올린 분들이 있을 겁니다. 황우석 박사는 '기자회견 과학'을 잘 활용한 사람입니다.[8] 논문에는 모두 담을 수 없는 약속을 기자회견, 인터뷰, 보도자료 등을 통해서 많이 제시했지요. 그런 활동을 잘한다고 칭찬을 받기도 하다가, 나중에는 결국 지킬 수 없는 약속을 한 셈이 되어 많은 비판을 받았습니다. 궁극적으로 약속을 사실로 뒷받침하지 못한 경우입니다. 가령 황우석 박사는 2005년 『사이언스*Science*』지에 줄기세포에 관한 논문을 출판하면서 런던의 '사이언스 미디어 센터'에서 대규모 기자회견을 열어 국제적인 관심을 끌었고, 다음 날 귀국하면서 인천공항에서 기자들을 또 만났습니다.

당시 『연합뉴스』는 황우석 박사의 귀국 장면을 이렇게 보도했습니다. "황 교수는 입국장에서 '줄기세포 연구가 실용화될 수 있으리라는 것에 대해서는 다양한 의견과 견해가 있었다. 그런데 이번 연구를 통해 가장 난제였던

8 '기자회견 과학'에 대해서는 Dorothy Nelkin, "Selling Science," *Physics Today*, vol. 43, no. 11, 1990, pp. 41~46 참조.

몇 가지 숙제가 해결된 셈'이라며 '희망은 이제 전달했다'고 감격스런 첫 소감을 밝혔다."[9] 이 희망의 메시지는 연구 부정행위 의혹 속에서도 황우석 박사를 지지하는 여론이 유지되는 데 기여했습니다.[10]

줄기세포 연구와 관련해서 널리 유통된 약속은 주로 치료의 약속과 대박의 약속이었습니다. 많은 사람들이 기억하는 황우석 박사의 말 중 하나가 하반신이 마비된 가수 강원래 씨를 다시 걷게 하고 싶다는 것이었습니다. 황우석 박사는 2005년 『사이언스』에 논문을 게재한 이후 KBS 「열린음악회」 무대에 올라 "강원래를 벌떡 일으켜 과거의 화려한 몸놀림을 다음 '열린음악회'에서는 볼 수 있기를 바란다"고 말했습니다.[11] MBC 「PD수첩」의 보도로 황우

9 "'국민 여러분께 감사' 황우석 교수 입국 스케치," 『연합뉴스』(2005. 5. 20). (http://news.naver.com/main/read.nhn?mode=LSD&mid=shm&sid1=105&oid=001&aid=0001008259).

10 황우석 사건에 대한 상세한 분석으로는 한재각·김병수·강양구, 『침묵과 열광: 황우석 사태 7년의 기록』, 후마니타스, 2006; 김근배, 『황우석 신화와 대한민국 과학』, 역사비평사, 2007; Sungook Hong(ed.), "The Hwang Scandal and Human Embryonic Stem-Cell Research," Special Issue, *East Asian Science, Technology and Society*, vol. 2, no. 1, 2008 참조. 황우석 사건을 포함하여 한국 생명공학 전반에 걸친 논쟁에 대해서는 김병수, 『한국 생명공학 논쟁: 생명공학 논쟁으로 본 한국 사회의 맨얼굴』, 알렙, 2014 참조.

11 "황우석 교수, '강원래 일으키고 싶다'," 『연합뉴스』(2005. 7. 27).

석 박사에 대한 비판과 검증이 시작된 이후에도 강원래 씨는 "황우석 교수는 장애인의 희망"이라고 표현했습니다.[12] 여러 의혹에도 불구하고 황우석 박사의 연구를 열렬히 응원했던 강원래 씨의 사례는 오늘날 과학이 대중의 지지를 얻는 데 약속과 희망이 어떤 역할을 하는지를 잘 보여줍니다.

장애인들이 황우석 박사 연구의 문제점을 제대로 알지 못해서 어긋난 희망을 가졌다는 식으로 말할 수는 없습니다. 낫고 싶고 건강하고 싶은 보편적 욕구에서 비롯된 포기하기 어려운 희망이기 때문입니다. 문제는 이렇게 쌓인 희망이 무너질 때는 한 개인의 실망으로 끝나지 않고 사회적 문제로 확대된다는 것입니다. 강원래 씨는 논문 조작 사실이 밝혀진 이후에도 황우석 박사를 원망하지 않았지만, 황우석 박사 사건이 한국 과학계와 사회에 남긴 상처는 결코 작지 않았습니다.

황우석 박사의 연구 부정행위가 밝혀지면서 하반신 마비환자가 다시 걷게 되리라는 희망은 곧 힘을 잃었지만, 그 이후에도 줄기세포 연구개발이 경제적인 면에서 소위

(http://entertain.naver.com/read?oid=001&aid=0001060067).

12 "황우석 교수는 장애인의 희망," 『헤럴드경제』(2005. 11. 28). (http://entertain.naver.com/read?oid=016&aid=0000192767).

대박을 칠 것이라는 약속과 기대는 계속되었습니다. 한 예로, 2010년경 라정찬 씨가 대표로 있던 기업 '알앤엘바이오'가 줄기세포 화장품이라는 것을 만들어서 유명세를 얻기 시작했습니다. 알앤엘바이오도 미디어를 잘 활용했는데, "저명 국제학회서 줄기세포 안전성, 치료 효과 사례 발표돼" 같은 제목으로 보도자료를 뿌려 자사의 연구 결과를 홍보하는 식이었습니다. 줄기세포의 효능에 대한 약속을 믿는 사람들이 회사에 투자하면서 알앤엘바이오는 주식시장에서 대단한 유망주가 되었습니다. 과학적, 의학적 약속이 경제적 약속으로 빠르게 전환된 것입니다.

그러나 '줄기세포 신화'라고 불리던 라정찬 대표는 2013년 주가조작 혐의로 구속됩니다. 미공개 정보를 이용해서 주식 거래를 하고, 홍콩에 페이퍼 컴퍼니를 만들어 외국인이 주식을 매수하는 것처럼 꾸몄다는 혐의를 받았습니다. '줄기세포 글로벌 리더'라고 자칭하던 알앤엘바이오는 자본 잠식 상태가 되어 상장 폐지되었습니다. 줄기세포 대박의 기대를 가지고 알앤엘바이오에 투자했던 소액 투자자들이 큰 피해를 입었습니다. 20년간 모은 돈을 다 투자했다는 한 주주가 알앤엘바이오의 세포연구동 입구에서 "왜 힘없는 약자들은 무조건 당해야 되냐"면서 울분을 터뜨리는 장면이 보도되기도 했지요. 전통적인 의미의 과학연구소에는 잘 어울리지 않는 장면이지만, 미래에 대한 과장된 약속, 조작된 기대를 만들어내는 요즘의 과학기술 기업에서는 언제라도 일어날 수 있는 일들입니다.[13]

사실 줄기세포 같은 첨단생명공학 연구와 주식시장에는 비슷한 속성이 있습니다. '약속의 과학'이라는 개념은 요즘의 과학이 마치 주식시장처럼 돌아가게 되는 경향을 가리키고 있습니다. 주식시장은 기본적으로 미래에 대한 사람들의 기대를 먹고 사는 시장입니다. 가까운 미래에 이 분야가 뜰 것이다, 이 회사가 잘나갈 것이다, 이런 기대를 품은 사람들이 각 회사가 제시하는 미래의 전망을 믿고서 투자를 합니다. 때로는 기업의 현재 역량을 지나치게 과대평가하고, 미래에 대해서 비합리적으로 높은 기대를 가질 때도 있습니다. 과학 프로젝트도 현재의 실적을 과대평가하고 거기에 미래에 대한 약속과 기대를 더해서 조만간 엄청난 과학적, 경제적 결과를 낼 것처럼 홍보하는 경우가 있습니다. 그리고 이런 프로젝트에 연구비와 투자금이 몰리게 되지요. 상당한 양의 연구비를 공격적으로 끌어모으지 않으면 제대로 연구를 하기 힘든 첨단과학의 특징이 이

13 "주가조작·성추행… '줄기세포 신화' 라정찬의 몰락,"「MBC 뉴스데스크」(2013. 6. 29). (http://imnews.imbc.com/replay/2013/nwdesk/article/3303534_18585.html).

런 분위기를 만들어냅니다.

주식과 과학 모두 상식적이고 합리적인 평가를 바탕으로 투자를 받는다면, 생산적인 경제 활동과 과학 연구를 하는 데 큰 도움이 됩니다. 문제는 이런 관심과 투자가 사기나 투기의 성격을 띠기 시작할 때 발생합니다. 과학과 주식 모두 미래의 불확실성을 안고서 과감하게 투자하는 활동인데, 그 불확실성의 강박에 시달리거나 그것을 악용하여 주가를 조작할 수도 있고 줄기세포를 조작할 수도 있습니다. 근거 없는 약속과 지나치게 조작된 기대가 쌓인 상태에서 그 약속을 지키지 못할 것이 명백해졌을 때, 또는 처음부터 약속을 지킬 마음이 없었을 때, 줄기세포와 주가 조작이 이루어지고 결국에는 거품이 터집니다. 황우석 신화가 붕괴하듯이 관련 업계의 주식시장도 붕괴합니다. 이런 식으로 과학이 투자의 대상에서 투기의 대상으로 넘어가는 일들이 생겨나고 있습니다.

첨단과학기술 분야에서 보이는 약속의 범람, 기대의 축적, 거품의 붕괴라는 현상을 어떻게 해석해야 할까요? 연구비 심사자, 투자자, 언론인이 좀더 이성적으로 생각하고 판단한다면 과장되고 조작된 약속을 믿는 실수를 범하지 않을 수 있을까요? 또 비도덕적인 몇몇 개인의 일탈과 기업의 범죄를 그때그때 잘 처벌하면 대다수의 과학 프로젝트에서는 이런 일이 생기지 않을까요. 이런 조치들도 분명 효과가 있겠지만 조금 다른 각도에서 생각해봅시다. 어떤 분야에 약속과 기대가 쌓여서 열광적인 호응을 받는 단계에 이르렀다가, 한 번쯤 거품이 터지면서 추락하고, 그 다음 조정 과정을 거쳐 다시 재기하는 단계가 오늘날 과학기술 발달에서 일상적이고 자연스러운 패턴이 되지 않았나 싶습니다. 모든 분야가 조작이나 사기의 수준에 이르지는 않으면서도, 약속-열광-추락-침체-회복의 단계를 어느 정도 거치는 것으로 보입니다.

이렇게 보면 약속과 기대란 과학기술 발전의 결과로 생기는 감정적 반응이 아니라, 과학기술의 전개 과정에 구조적인 영향을 미치는 중요한 요소가 됩니다. 과학자, 투자자, 언론인, 시민이 표출하는 기대, 희망, 약속이 과학 활동의 부수적인 산물이 아니라 연구개발의 방향과 속력을 바꾸는 원인이 될 수도 있다는 뜻입니다. 많은 사람이 같은 약속을 믿고 기대를 표출하기 시작하면, 실제로 그쪽으로 돈과 사람이 몰리고 정책과 제도를 바꿀 수도 있습니다. 기술-미래에 대한 약속과 기대는 사람들의 마음속에만 존재하는 순진한 감정이나 추상적 태도가 아니라 실재하는 힘, 가시적으로 작용하는 힘입니다.

약속과 기대가 과학에서 점점 더 중요한 역할을 하게

된 것은 과학 연구의 성격이 역사적으로 변화한 것과도 관계가 있습니다. 20세기 초반까지만 해도 혼자 또는 소그룹으로 하는 연구가 많았고, 또 미리 계획하지 않은 우연한 발견으로 연구가 진전되는 경우도 종종 있었습니다. 하지만 20세기 후반 이후로는 이런 개인적, 우연적 발견에 의한 연구보다는 전략적 투자에 따라 체계적으로 진행되는 혁신연구가 더 중요해졌습니다. 전략적 연구를 할 수 있는 대규모 연구비 투자를 이끌어내려면 연구 결과를 사회적, 경제적 이익으로 쉽게 연결시킬 수 있다는 '기대'를 확산하고 공유하는 것이 중요합니다. 다수의 사람이 공유하는 기대는 물질적, 제도적, 인적 자원을 특정한 방향으로 동원할 수 있는 힘을 가집니다.

얼마 전부터 학자들은 과학기술에서 기대, 희망, 약속이 가지는 이런 동력을 '기대의 사회학'이라는 표현을 써가면서 연구하기 시작했습니다.[14] 기대를 누가 만들어내는가, 어떻게 만들어내는가, 또 기대는 과학기술 연구에 어

14 Nik Brown & Mike Michael, "A Sociology of Expectations: Retrospecting Prospects and Prospecting Retrospects," *Technology Analysis and Strategic Management*, vol. 15, no. 1, 2003, pp. 3~18; Mads Borup, Nik Brown, Kornelia Konrad & Harro van Lente, "The Sociology of Expectations in Science and Technology," *Technology Analysis and Strategic Management*, vol. 18, no. 3/4, 2006, pp. 285~98.

떤 식으로 영향을 미치는가 등을 분석하면 오늘날 사회 속에서 과학기술이 작동하는 방식을 더 잘 이해할 수 있다는 것입니다. 기대의 사회학은 미래 예측에 대한 성찰적인 분석을 위한 하나의 틀을 제공하고 있습니다.

기대 전문가의 활약

국내외에 걸쳐 과학기술에 대한 약속과 기대를 전문적으로 만들어내는 사람과 집단이 많이 있습니다. 연구를 하는 과학자들이 직접 약속과 기대를 생산하는 경우도 있지만, 과학기술 각 분야의 동향을 파악하고 미래에 대한 전망을 제시함으로써 해당 분야에 대한 기대가 퍼지는 데 중요한 역할을 하는 조직이나 기관도 있습니다. 이런 조직이나 기관들은 새로 등장하는 과학기술 분야에 이름을 붙이고, 정의를 내리고, 분류 체계를 만들고, 성장 가능성을 예측합니다.

국내에서는 한국과학기술기획평가원KISTEP이 이런 연구와 활동을 하는 대표적인 기관입니다. 우리는 신문 기사, 텔레비전 프로그램, 강연, 공청회, 토론회 등에서 이런 기관들이 생산하는 보고서의 내용을 자주 접하고 있습니다. 일반인을 대상으로 하는 기술-미래에 대한 전망과 예측 책자도 있고, 해당 분야에 종사하는 연구자, 사업가, 관료 등을 독자로 삼아 생산되는 전문적인 성격의 보고서도 있습니다. 그중에는 국제적으로 널리 인용되면서 큰 영향을 미치는 보고서도 있고, 아주 좁은 범위의 독자를 대상으로 잠시 등장했다 사라지는 보고서도 있습니다. 사실 과학기술의 미래에 대한 사회적 논의의 상당 부분이 이들 전문기관에서 생산한 보고서의 내용에 의존하고 있습니다. 언론, 산업계, 정부 모두 이들 보고서의 내용을 참고하여 미래를 전망하고 다양한 수준의 약속과 기대를 유통시키게 됩니다.

예를 들어 정보기술IT 분야에서는 가트너 그룹이라는 전문 컨설팅 기업이 각종 전망과 예측을 만들어내는 일을 합니다. 미국 코네티컷 주에 본사를 둔 가트너 그룹 안에는 90여 개 국가에서 무려 1900명의 분석가와 컨설턴트가 일하고 있습니다. 이들이 매년 만들어내는 보고서는 상당히 높은 값을 주고 구입해야 하는데(예컨대 64쪽짜리 2018년 신기술 하이프 사이클 보고서는 1995달러였습니다), 그래도 IT 분야에 종사하는 많은 사람들이 이 보고서를 읽고, 인용하고, 토론합니다. IT 관련 언론 보도에서도 가트너 그룹의 기술 단계 예측이 자주 등장합니다. 이처럼 영향력 있는 보고서들은 단지 현상을 객관적으로 묘사하고 분석하는 데 그치지 않고, 거기에 등장한 전망과 기대가 다시 일종의 입력 값이 되어 해당 분야를 특정 방향으로 인도하는 결과를 내기도 합니다. 전문적으로 생산된 전망, 기대, 약속이 그 분야의 구체적인 의사결정에 영향을 미칠 수 있다는 것입니다.

가트너 그룹의 보고서에서 특히 유명한 것이 가트너 하이프 사이클Gartner Hype Cycle이라는 그래프입니다. 가로축은 시간, 세로축은 기술에 대한 기대치를 나타내는 좌표계상에 한 줄로 이어서 그린 곡선 형태입니다. 새로 나온 기술이 과도한 홍보와 기대를 받으면서 성장하다가('혁신 촉발'), 정점에서 결국 거품이 터지면서('부풀려진 기대의 정점') 기대치가 바닥으로 떨어지지만('실망의 바닥'), 시간이 지나면서 실망에서 점차 깨어나고 비교적 합리적인 기대를 하면서('계몽의 오르막') 기술이 다시 성숙하여 어느 정도 성과를 내는 단계('생산성의 고원')로 접어드는 과정을 하나의 그래프로 표현한 것입니다. 과장된 기대 때문에 거품이 터지는 것을 비정상적인 상황으로 보는 게 아니라, 아예 거품이 터지는 것까지를 전체 발전 과정의 일부로 넣어 고려하는 모델을 만든 것입니다.

매년 나오는 가트너 하이프 사이클은 현재 시장에 존재하는 여러 신기술이 이 그래프상의 어느 지점에 있는지 표시해 보여줍니다. 예를 들어 2018년 가트너의 신기술 하이프 사이클 그래프를 보면 양자컴퓨터나 대화형 인공지능 플랫폼은 기대치가 가파르게 상승하는 국면에 있고, 기계학습machine learning의 한 분야인 딥러닝deep learning은 그래프의 정점에 올라 있습니다. 블록체인block chain 기술은 정점을 지나 기대치가 가파르게 감소하는 단계에 있으며, 증강현실 기술은 바닥까지 내려온 상태에서 앞으로 기대치가 다시 서서히 증가할 것처럼 보입니다. 가트너는 '생산성의 고원'에 도달하기까지 블록체인 기술은 5년에서 10년이 남았고, 완전한 자율주행 바로 전 단계인 4단계 자율주행 기술은 10년 이상 남은 것으로 진단합니다.

이렇게 간단하게 생긴 그래프 하나에 거의 모든 IT 분야의 발전 단계를 요약해놓은 것을 보면 마치 이것이 강력하게 확립된 하나의 법칙 같다는 인상을 받게 됩니다. 엄청난 규모의 전문 인력이 자료조사와 인터뷰를 통해 내놓은 그래프라는 사실이 그런 느낌을 더 강하게 만듭니다. 무엇보다 가트너 하이프 사이클은 급격한 기대를 받으며 떠오를 기술들이 앞으로도 얼마든지 쌓여 있다고 말하는 듯합니다. 하나의 거품이 터져서 꺼지자마자 다음 기술이 주목을 받으며 시장으로 진입하는 셈입니다. 업계에서 강력한 영향력을 가진 이런 그래프는 IT 기술에 대한 우리의 기대를 한순간도 꺼뜨릴 필요가 없다는 인식을 만들어냅니다. 이런 의미에서 가트너 그룹은 단순한 관찰자, 분석가가 아니라 하나의 중요한 행위자가 됩니다. 그러면서 시장에서 자신과 같은 '기대 전문가'의 입지를 스스로 만들고 강화합니다. 약속과 기대 자체가 하나의 비즈니스가 되는 것입니다.

현실적인 약속

이제 이번 강의를 과학기술의 '미래성'에 대한 생각으로 마무리하고자 합니다. 과학기술이 미래와 연결되는 일, 과학기술이 현재 시제보다는 미래 시제로 표현되는 일이 점점 더 많아지고 있습니다. 여기서 미래는 약속, 희망, 기대의 대상이 되고, 과학기술은 그런 미래가 오도록 하는 핵심적인 수단으로 여겨집니다. 한편 과학기술은 자신의 생존을 위해서 미래를 끌어들이고 미래에 의존하기도 합니다. 대규모 과학기술 연구가 정부, 기업, 시민의 지원을 얻으려면 그 결과가 가져올 밝은 미래에 대한 기대를 만들어 내는 것이 무엇보다 중요하게 되었습니다. 미래에 대한 전망과 믿음이 과학기술 연구를 촉진하는 중요한 동력이라는 점은 분명합니다. 이처럼 과학기술이 미래를 약속하고 미래와 결부되는 성격을 과학기술의 '미래성'이라고 부를 수 있겠습니다. '미래성'은 현대 과학기술의 중요한 특징입니다.

그러나 과학기술의 미래성이 반드시 '기자회견 과학'이나 '대박 과학'의 형태로 나타날 이유는 없습니다. 미래에 대해 희망 섞인 전망을 유지하면서도, 오직 관심을 끌기 위한 선언에 그치기보다는 더 현실적인 약속, 꾸준한 실행, 차분한 평가를 통해 전망을 구체화시켜 나가는 일이 얼마든지 가능하다고 봅니다. '기자회견 과학'이나 '대박 과학'은 과학을 건전한 투자를 넘어서 과도한 투기의 영역으로 끌고 갈 위험이 있습니다. 질병의 정복이나 영생, 경제적 대박을 약속하는 과학은 과학의 의의를 개인적, 사적 차원으로 축소시키게 됩니다. 우리가 고민해야 할 것은 과학과 미래를 공적 토론의 영역으로 옮겨놓는 방법입니다. 과학기술이 제시하는 가능성을 우리 사회 공동의 미래를 설계하는 데 사용할 수 있도록 과학기술-미래 담론을 재구성해야 합니다. 과학기술에 대한 기대, 약속, 희망을 투기의 거품 속에 방치하지 말고, 공적인 영역에서 새로운 방식으로 소환할 수 있어야 할 것입니다.

7강

누구의 미래인가

이번 7강에서는 우리가 과학기술을 통해 미래를 논하고 다루는 방식이 지금 여기의 문제에 대한 우리의 생각, 즉 사회적, 정치적 조건이나 의식과 분리될 수 없다는 점을 얘기해보려 합니다. 기술-미래를 말할 때 우리는 종종 현재의 여러 골치 아픈 문제들이 해결된 상태를 상상합니다. 과학기술이 현재의 불편이나 비효율을 없애주는 데서 머물지 않고, 사회의 구조적 갈등과 분쟁까지 해소해주리라는 기대를 품는 것입니다. 그래서 기술-미래는 현재의 정치적, 경제적 입장 차이에 관계없이 모두가 공감하면서 함께 논의할 수 있는 주제로 생각되기도 합니다.

하지만 우리가 지금 겪고 있는 정치적 대립, 사회적 갈등이 서로 원하는 미래가 달라서 생기는 것처럼, 기술-미래에 대한 우리의 전망과 토론도 현재 세계를 사는 우리의 경험에 크게 영향을 받을 수밖에 없습니다. 현재 세계에 대한 인식이 천차만별인 사람들이 모두 합의할 수 있는 기술-미래는 존재하지 않습니다. 우리는 모두 특정한 입장, 세계관을 가진 채로 과학을 연구하고 기술을 개발하고 미래를 전망합니다. 과학기술과 관련된 미래 전망, 예측, 주장이 모두 현재 우리가 처한 정치적, 경제적, 사회적 조건과 밀접하게 연결되어 있습니다.

미래는 평등하지 않습니다. 어떤 이가 얘기하는 미래는 쉽게 인정을 받고, 다른 이가 얘기하는 미래는 고려되지 않습니다. 허황된 것 같은 미래는 진지하게 받아들여지고, 그럴듯한 미래지만 무시되는 경우도 많지요. 그래서 기술-미래는 통상적인 정치, 경제, 사회 이슈와 마찬가지로 논쟁의 대상이 될 수 있고, 그렇게 생산적인 논쟁의 대상이 될 때 우리가 미래를 예측하고 전망하는 행위가 더 유용할 수 있습니다. 몇 가지 예를 통해 기술-미래 담론의 논쟁적, 정치적 성격을 살펴보도록 하겠습니다.

누가 상상하는 미래인가

미래를 상상하고 전망하는 일에도 시간과 공간과 주체가 있습니다. 특정한 시기에 특정한 곳에서 살고 있는 개인이나 집단이 어떤 계기로 말미암아 미래를 그려보게 되는 것이죠. 〈그림 7-1〉은 2014년에 발표되면서 잠시 화제가 되었던 북한의 미래상입니다. 아름다운 산과 호수를 배경으로 매끄러운 모습의 기차가 달립니다. 몇십 년 전이라면 미래의 기차라고 불렸을 법하지만 지금 보기에는 그다지 새롭지 않은 디자인입니다. 아래 그림은 원뿔 모양으로 된 미래의 주거 형태 상상도입니다. 이 밖에도 사람이 안에서 살 수 있는 대형 헬리콥터 집이나 풍력 발전 터빈 등 다양한 그림이 있었습니다. 미래 상상도에서 흔히 보이는 파란색을 많이 쓴 것이 눈에 띄는 특징인데, 다만 파란색의 색감이 좀 낯설기는 합니다.

이 그림들은 북한의 어느 건축가가 그린 미래상입니다. 영국 출신의 닉 보너Nick Bonner라는 사람이 베이징에 설립하여 운영하고 있는 북한 관광여행사 '고려 투어Koryo Tours'가 의뢰해서 제작한 것이라고 해요. 이는 2014년 베니스 비엔날레 국제 건축전 한국관에서 "유토피아를 위한

그림 7-1　　　　북한 건축가가 그린 미래상

커미션"이라는 이름으로 전시되었습니다. 미래에 북한 관광이 큰 인기를 끈다면 어떻게 미래 관광을 지속 가능한 방식으로 운영할 수 있을지에 대한 아이디어를 담은 일련의 작품입니다. 건축가의 이름은 표시되어 있지 않습니다.

이 미래 상상도를 보도한 영어권 매체들은 이 그림들에서 복고풍 미래의 분위기를 읽었습니다. 뭔가 미래를 상상해서 그린 것 같기는 한데 첨단이기보다는 복고적이라는 거죠. 예를 들어 집 안에 휴대폰과 컴퓨터는 보이지 않고 다이얼 전화기가 놓여 있는 식입니다. 또 미래의 건축물이 주로 나무, 유리, 철강 등 이미 오래된 자재를 사용하고 있다는 점도 관찰할 수 있습니다. 주변 자연과 조화를 이루도록 설계한 집에서는 20세기 전반에 활동한 미국 건축가 프랭크 로이드 라이트Frank Lloyd Wright의 영향이 보이기도 하고요. 『비즈니스 인사이더*Business Insider*』는 이 그림들이 "거의 70년 동안 현재와 완전히 단절된 다음에 미래를 내다본다는 게 어떤 의미인지"를 느끼게 해준다고 보도했습니다.

> 북한 건축가들은 한 발을 1948년에, 다른 한 발은 현대에 담그고 있는 것 같다. 이 그림들이 잘 보여주고 있는 문제는, 이 건축가들이 어떻게 미래에 도달해야 하는지

전혀 모르는 채로 과거와 현재 사이에 갇혀 있다는 사실 이다.[1]

『와이어드』도 "누구든 미래를 상상하는 일은 어렵다. 그런데 만약 당신이 현재도 잘 모르는 상태라면 어떻게 될까?"라는 질문으로 이 북한 건축가가 맡은 일의 어려움을 표현했습니다. 이 그림들은 "오늘날의 건축을 거의 접하지 못한 사람이 전망해본 미래의 건물들"을 보여주고 있다는 것입니다.[2]

이 미래 같지 않은 미래의 느낌은 결국 현재를 모르는 사람이 미래를 상상했기 때문에 생겨난 것입니다. 짐작할 수 있듯이, 북한의 건축가들은 북한 바깥에서 유행하는 건축 기법, 재료, 관점을 접할 기회가 별로 없었습니다. 베니스에 전시된 미래 이미지를 만든 건축가도 북한 밖으로 나가본 적이 없다고 합니다. 북한에서 흘러나온 미래 전망은 지금 북한이 처한 정치, 경제, 외교 현실의 결과물입니다.

1 Megan Willett, "Here's How North Korean Architects Envision the Future," *Business Insider*(29 July 2014). (http://www.businessinsider.com/north-koreas-future-architecture-images-2014-7).

2 Kyle Vanhemert, "A North Korean Architect's Crazy Visions of the Future," *Wired*(21 July 2014). (https://www.wired.com/2014/07/a-north-korean-architects-crazy-visions-of-the-future/).

누구나 자신이 처한 사회적 조건 속에서 미래를 볼 수밖에 없다는 사실이 다소 극단적인 북한의 예를 통해서 잘 드러납니다. 이 그림들이 '유토피아'라는 이름으로 묶여 있는 것도 북한 바깥의 사람들에게 특이한 인상을 줍니다. 유토피아라는 말 그대로 현실적이지 않은 북한의 미래상인 것 같으면서도, 우리가 보기에 그다지 미래 지향적이지 않은 세부 내용은 오히려 현실적이라 부를 만도 합니다.

이처럼 어떤 사회에서 살고 있는 누가 미래를 그렸는가에 따라 결과는 달라집니다. 미국 건축가, 일본 건축가, 한국 건축가는 비슷하면서도 조금씩 다른 미래를 그릴 것입니다. 방금 보았듯이 북한의 건축가는 매우 다른 미래를 그렸고요. 미래를 전망하고 논할 때 주목해야 할 것은 미래상에 들어간 개별 건물이나 기술의 디자인만이 아니라 그 미래상을 도출한 개인이나 집단이 놓인 사회적 조건과 배경입니다. 또 그 사회에서 이런 미래상을 그리는 행위가 어떤 의미를 가지는지에 대해서도 생각해볼 필요가 있습니다. 한 사회가 내놓는 미래에 대한 전망은 그 사회의 미래보다 현재에 대해 더 많은 것을 보여주기도 합니다.

누가 등장하는 미래인가

앞서 살펴본 북한 건축가의 디자인이 현재와 동떨어진 채 상상하는 미래였다면, 이번에는 현재가 깊이 스며들어 간 미래상, 현재가 알게 모르게 연장된 듯한 미래상의 예를 하나 들겠습니다. 〈그림 7-2〉는 일본 인공지능학회의 학술지인 『인공지능』 2014년 1월호 표지입니다. 일본 인공지능학회는 2014년 1월호부터 학술지 제목을 "인공지능학회지"에서 "인공지능"으로 바꾸고 기존의 단조로운 표

그림 7-2
『인공지능』
2014년 1월호 표지.

지 디자인도 바꾸기로 결정했습니다. 대중에게 좀더 친근하게 다가가기 위한 시도였습니다. 그림에서 보시다시피 새로 등장한 표지는 만화풍의 그림이었습니다. "일상생활 속의 인공지능"이라는 주제를 담았다고 합니다.[3]

이 새로운 표지는 2013년 12월 말 공개되자마자 비판을 받기 시작했습니다. 트위터와 블로그 등에 올라온 비판은 주로 이 표지 그림이 정형화된 성역할을 보여준다는 것이었습니다. 젊은 여성의 형상을 한 안드로이드 로봇이 빗자루를 들고 집 안을 청소하고 있는 이미지는 여성에 대한 사회적 고정관념을 그대로 드러내고 있었기 때문입니다. 등허리에 연결된 케이블이 없었다면 이것이 안드로이드 로봇인지 인간 여성인지 구별하기가 어려워 보입니다. 논란이 계속되면서 『아사히신문』도 2014년 1월 9일에 이 문제를 다루는 기사를 실었습니다. 같은 날 『인공지능』 편집인은 표지 이미지가 던지는 메시지를 신중하게 고려하지 못했다며 사과했습니다.

『인공지능』 편집진이 고백했듯이 물리적인 형체가 없

3 여기서 다루는 일본 인공지능학회지 표지 논란은 2015년 발표된 다음 논문을 참고했습니다. Arisa Ema et al., "Ethics and Social Responsibility: Case Study of a Journal Cover Design under Fire," *CHI EA '15 Proceedings of the 33rd Annual ACM Conference Extended Abstracts on Human Factors in Computing Systems*, April 18~23, 2015, Seoul, pp. 935~40.

는 인공지능을 그림으로 표현하는 일은 쉽지 않습니다. 아직 존재하지 않는 미래의 인공지능을 그리는 건 더 어렵겠지요. 인공지능을 탑재한 기기가 우리 주변에서 작동하는 모습을 대중이 이해할 수 있도록 표현하려면 상상력을 발휘할 수밖에 없습니다. 그리고 그 상상력을 발휘하는 과정에서 디자인하고 편집하는 사람들이 가진 생각이 알게 모르게 들어가게 됩니다. 이 경우에는 여성과 집안일에 대한 생각일 것입니다. 누군가 집안일을 한다면, 그게 로봇이라고 해도 여성의 모습일 것이라는 가정을 읽을 수 있습니다. 새 표지 디자인을 결정하기 위한 공개 투표와 편집진의 최종 결정 과정을 거치면서 이 그림이 불러일으킬 수 있는 논란을 예상할 수 없었던 것은 어느 한 사람의 잘못이라기보다는 그만큼 젠더gender 문제에 대한 사회통념이 강하게 뿌리내리고 있었기 때문이라고 볼 수 있습니다.

일본 인공지능학회는 미래사회에서 인공지능이 중요한 역할을 하리라는 점을 강조하기 위해 표지 디자인을 멋지게 바꾸고 싶었을 겁니다. 하지만 2014년의 표지 논란은 어떤 미래상이든 새롭고 강력한 기술만으로는 그려낼 수 없다는 사실을 보여주었습니다. 단지 미래 기술의 성능을 묘사하거나 예측하는 것이 아니라 미래 기술이 사용되는 모습을 표현하는 순간, 우리는 그 사회의 관습, 문화,

그림 7-3
『인공지능』
2014년 3월호 표지.

구조의 문제를 기술 속으로 끌어들이게 됩니다. 기술을 누가 혹은 어떤 집단이 어떤 목적으로 어떤 환경에서 사용할지를 상상할 때 우리는 사회에 이미 존재하는 젠더, 계급, 인종, 종교에 대한 통념의 영향을 받습니다. 아무리 신기한 과학기술로 그리는 미래상이라고 해도 현재 사회의 모순과 갈등에서 자유로울 수 없습니다. 현재의 속박에서 벗어난 미래상을 제시하려면 당대의 사회적, 문화적 가치관에 대한 세심한 검토와 각별한 노력이 필요합니다.

한 차례 논란이 지나간 다음, 일본 인공지능학회는 두 달 후에 나올 예정인 다음 호 표지 디자인을 놓고 고민할 수밖에 없었을 겁니다. 〈그림 7-3〉은 2014년 3월호 표지 그림입니다. 이 표지는 1월호에 등장했던 여성형 가사 로봇의 시점에서 그려졌습니다. 1월호 표지에서 로봇이 왼손에는 빗자루를 오른손에는 책을 들고 있었는데, 3월호 표지에서는 로봇이 보던 책이 헤겔의 『정신현상학』인 것으로 되어 있습니다. 이 여성형 로봇이 청소만 하는 것이 아니라 난해한 철학자의 책을 읽을 수 있다고 강조하는 거죠. 헤겔의 책 뒤로는 로봇을 올려다보는 소년이 나오는데, 이 소년은 2014년 11월호 표지에서 결국 이 로봇을 만든 여성 과학자의 아들로 밝혀집니다. 그사이에 나온 5월호에서 9월호까지의 표지들은 이 여성 과학자가 연구하고 발표하는 모습을 담았습니다. 여성에 대한 사회적 통념을 강화한다는 비판을 받았던 1월호 표지를 인공지능 연구에 몰두하며 집과 학교를 오가는 여성 과학자 스토리의 출발점으로 전환시킨 셈입니다.

인공지능과 로봇 같은 미래 기술에 대한 상상이 현재 사회에 대한 인식으로부터 큰 영향을 받는 것은 사실 아주 오래된 일입니다. 로봇이라는 말이 처음 쓰였다고 알려진 체코의 극작가 카렐 차페크Karel Čapek의 1920년 희곡 『로봇: 로숨의 유니버설 로봇』에 이런 대화가 나옵니다. 로봇 공장을 방문한 헬레나가 그곳 책임자인 도민에게 왜 여성 로봇을 만들었는지 묻는 장면입니다.

> 헬레나: 바보 같은 소린지 모르겠지만, 여자 로봇들은 왜 만드신 거죠? 만약에… 그러니까…
>
> 도민: 만약에 로봇들에게 성이 대수롭지 않은 거라면 말이죠?
>
> 헬레나: 네.
>
> 도민: 여자 로봇들이 필요한 데가 있죠. 웨이트리스나 점원, 비서… 뭐 이런, 사람들이 볼 때 여자가 하는 게 익숙한 그런 일들 말이에요.[4]

이 대화가 희곡의 전체 이야기 구조에서 중요한 역할을 하는 것은 아닙니다. 하지만 1920년에도 로봇이 있다면 남녀라는 성별 관습을 따를 것이고 남자 로봇과 여자 로봇이 하는 일의 종류가 다르리라고 생각했다는 점이 흥미롭습니다. 사실 먼 미래보다는 당대의 현실을 반영하는 대화라고 볼 수 있겠습니다.

우리는 흔히 인공지능이나 로봇이 인간의 일을 대신하면서 지금과 전혀 다른 새로운 세상이 열릴 것처럼 말합

4 카렐 차페크, 『로봇: 로숨의 유니버설 로봇』, 김희숙 옮김, 모비딕, 2015, p. 60.

니다. 하지만 현재 사회에 만연한 통념, 부조리, 갈등은 새로운 기술이 등장할 미래사회에서도 그대로 이어질 가능성이 높습니다. 우리가 기술을 상상하는 힘이 현재 우리 사회의 한계를 뛰어넘기 쉽지 않기 때문입니다. 미래 기술이 현재의 사회적 통념을 그대로 따른다면 현재의 문제를 해결해주기는커녕 더 악화시킬 수도 있습니다.

비슷한 관점에서 일본 로봇 얘기를 조금만 더 해보겠습니다. 일본 정부는 2007년에 "이노베이션 25"라는 미래 전략을 발표했습니다. 고령화가 빠르게 진행되고 출산율은 올라가지 않아서 생산 활동에 참여하는 인구가 점차 줄어드는 상황을 타개할 뿐 아니라, 안전하고 편리한 미래 생활을 가져다줄 이노베이션innovation, 즉 혁신을 위한 전략입니다. 혁신을 통해서 고령화 사회에 맞는 과학기술을 개발하고 노동력 문제도 해결하자는 이 전략에 따르면, 미래의 새로운 라이프스타일을 창조하는 데 로봇이 중요한 역할을 맡을 예정입니다. 보고서에는 로봇이 보편화된 미래사회의 가족이 묘사되어 있는데, 이 가족과 함께 생활하는 로봇은 집안일과 육아를 맡아서 합니다.

"이노베이션 25"를 분석한 문화인류학자 제니퍼 로버트슨Jennifer Robertson은 여기에 등장하는 미래 가족이 일본의 전통적인 가부장적 가족상을 벗어나지 못하고 있으며, 로봇이라는 새로운 구성원도 오히려 가족의 구조와 역할에 대한 기존의 통념을 고착시키는 역할을 한다고 비판했습니다. 예를 들어, 통상적인 일본 가정에서 엄마가 해오던 일을 대신해주는 로봇 덕분에 여성들의 가사와 육아 부담이 줄어들 테니 아이를 더 많이 낳으라는 메시지가 담겨 있다는 것입니다. 첨단기술이 열어가는 미래를 제시한다고 하면서도 그 안에 묘사된 가족과 여성의 모습은 과거를 벗어나지 못한 겁니다. 『인공지능』 표지 논란에서 보았던 것과 비슷한 문제입니다. 놀라운 성능의 로봇이 나온다고 해서 우리가 지금보다 더 나은 미래로 나아갈 것이라는 보장은 없습니다.[5]

일본의 로봇정책을 일본의 이민정책이나 인종 문제와 연결시켜 생각해볼 수도 있습니다. 고령화와 저출산으로 일본의 노동력이 계속 감소하고 있기 때문에 과거와 같은 수준의 노동력을 유지하려면 매년 수십만 명의 이주노동자가 필요하다는 분석이 있었습니다. 이런 배경에서 등장한 강력한 로봇 진흥정책은 이주노동과 이민에 대한 인식이나 정책과 대비됩니다. 영국에서 발행하는 경제 주간지

5 Jennifer Robertson, "Robo Sapiens Japanicus: Humanoid Robots and the Posthuman Family," *Critical Asian Studies*, vol. 39, no. 3, 2007, pp. 369~98.

『이코노미스트』의 2005년 기사는 "사람보다 낫다"는 제목으로 로봇에 대한 일본 사회의 분위기를 전했습니다. "일본인들 사이에는 이주노동자가 일본에서 폐 끼치지 않고 조화롭게 사는 미래는 그저 환상일 뿐이라는 사회적 합의가 있다. 인간형 로봇을 만드는 것이 분명 더 간단하고 실용적인 길이라는 것이다."[6] 아시아 다른 지역 사람들이 대거 일본에 와서 일하는 것보다 로봇을 열심히 개발해서 각종 작업에 투입하는 쪽을 더 선호한다는 것입니다. "고마워요, 로봇 씨"라는 제목의 2007년 『이코노미스트』 기사도 비슷한 얘기를 합니다. 기사의 부제는 "일본은 새로운 시민들을 수입하지 않고 만들 것인가"입니다. 기사는 "R not I," 즉 "이민 말고 로봇robots, not immigration"이라는 표현도 소개합니다. 중국이나 필리핀 간호사보다는 차라리 로봇이 환자용 변기를 갈아주는 편이 낫다는 의견도 등장합니다.[7]

지금까지 로봇의 사례, 그중에서도 어느 정도 보도와 분석이 나와 있는 일본 로봇의 사례를 들어 미래에 대한

6 "Better than People," *The Economist*(20 December 2005). (http://www.economist.com/node/5323427).

7 "Domo Arigato, Mr. Roboto," *The Economist*(12 December 2007). (http://www.economist.com/node/10279169).

얘기를 했습니다만, 기술-미래 일반에 대해서도 비슷한 논의를 할 수 있습니다. 기술-미래는 현재 그 사회가 당면하고 있는 여러 현안, 즉 노동, 인구 변동, 이민, 젠더, 인종 등의 문제에서 완전히 벗어날 수가 없습니다. 정부와 기업과 시민은 각자의 정치적, 경제적, 문화적 입장과 이해관계를 바탕으로 과학기술을 개발하여 사용하고, 그러면서 기존의 사회적 관계를 강화시키거나 새로운 관계를 만들어나갈 것입니다. 그러므로 기술-미래에 대해서도 끊임없는 관찰과 분석과 논쟁이 필요합니다. 더 논쟁적인 미래가 더 생산적인 미래입니다.

인기 있는 미래와
인기 없는 미래

로봇이나 인공지능은 가장 흔하게 언급되는 미래의 키워드입니다. 로봇과 인공지능이 미래사회를 규정하는 핵심 요소인 것처럼 많이 얘기되다 보니 앞서 소개한 것과 같은 논란도 생기고 비판도 받습니다. 하지만 로봇과 인공지능 이외에도 미래 논의에서 단골로 등장하는 기술들이 여럿 있습니다. 나노물질이나 줄기세포는 이미 미래 이야기

속으로 들어온 지 오래되었고, 근래에는 빅데이터, 사물인터넷, 가상현실, 증강현실, 3D 프린터가 자주 언급됩니다. 또 이 기술들은 대체로 10년에서 30년 사이에 우리 삶과 사회에 돌이킬 수 없는 변화를 가져올 것이라고들 말합니다. 이 말들을 다 합치면 대략 2050년대에는 이 모든 것이 다 실현되어서 그야말로 '멋진 신세계'가 열릴 것만 같습니다.

하지만 모든 미래가 다 인기 있는 것은 아닙니다. 충분히 가능한 미래인데도 별로 회자되지 못하고 숨어 있는 듯한 미래도 있습니다. 인기 있는 미래와 그렇지 못한 미래의 차이는 무엇일까요? 한 사회가 그리는 미래상에도 유행이 있다고 할 수 있을까요? 짐작할 수 있듯이, 밝고 풍요로운 미래는 인기가 있고, 어둡고 갈등이 있는 미래는 주의를 끌지 못합니다. 비슷한 이유에서, 우리가 가만히 있어도 다가올 것 같은 미래는 인기가 있고, 다소 불편한 결단과 행동을 요구하는 미래는 인기가 없습니다.

인기 없는 미래, 주목받지 못하는 미래의 대표적인 사례는 기후변화의 미래입니다. 정부에서 내놓는 미래 보고서, 언론에서 내놓는 미래 전망에서 기후변화의 결과로 맞닥뜨리게 될 지구와 인류의 미래는 우리의 관심 대상이 되지 못하는 경우가 많습니다. 기후변화가 인기 없는 이유는 여럿입니다. 우선, 우울한 미래를 듣고 싶어 하는 사람이 별로 없습니다. SF 등 문학작품에 나오는 디스토피아적인 미래를 읽고 그 이야기 속에 빠질 수는 있어도, 기후변화처럼 현실에서 다가올 미래, 우리의 행동을 촉구하는 미래는 사람들을 불편하게 합니다. 사회의 어둡고 불편한 곳을 조망하는 다큐멘터리가 그런 것처럼, 지구의 불길한 미래에 대한 소식은 미디어를 통해 널리 유통되기가 쉽지 않습니다.[8]

기후변화가 인기 없는 미래인 더 중요한 이유는 기후-미래가 주목받는 것이 힘 있는 이들의 이득에 반하기 때문입니다. 인간의 활동으로 인한 기후변화가 실제로 일어나고 있다는 과학계의 공통된 견해에도 불구하고 여전히 그것을 과학적 사실로 인정하지 않고 그 정당성을 무너뜨리려는 세력이 있습니다. 그들은 기후변화가 있다는 것 자체를 부인하거나, 아니면 그 원인이 인간의 생산과 소비 활동에 있다는 점을 부인하거나, 아니면 기후변화가 파국적인 결과를 초래할 것이라는 점을 부인합니다. 이들은 국

8 과학자, 언론인, 종교인 등 다양한 사람들이 기후변화 연구 결과를 사회적 토론과 구체적 실천으로 연결시키기 위해 노력하는 과정에 대한 분석은 Candis Callison, *How Climate Change Comes to Matter: The Communal Life of Facts*, Durham, NC: Duke University Press, 2014 참조.

제 과학계가 오랫동안 수행해온 기후변화 연구에 대해 끊임없이 의혹을 제기하는 전술을 씁니다. 일부 과학자들은 기후변화를 부인하는 산업계 및 정치권과 결탁해 그런 의혹을 생산하고 유통시키는 데 참여하기도 합니다. 과학사학자 나오미 오레스케스Naomi Oreskes와 에릭 콘웨이Erik Conway는 이들을 "의혹 장사꾼merchants of doubt"이라고 불렀습니다.[9] '의혹 장사꾼'들은 기후변화의 미래가 사회적 의제로 등장하고 그에 대응하는 정책이 세워지는 것을 막으려고 합니다. 어떤 미래는 이렇게 적극적으로 숨겨지기도 하는 것입니다.

기후-미래를 우리가 적극적으로 고려하고 토론해야 할 대상으로 만드는 데는 많은 노력이 필요합니다. 기후변화 문제에 대한 '의혹 장사꾼'들의 역사를 책으로 펴냈던 오레스케스와 콘웨이는 더 직접적으로 기후-미래를 중요한 의제로 만들려는 목적을 가지고 2014년에 새로운 책을 집필했습니다. 『다가올 역사, 서양 문명의 몰락*The Collapse of Western Civilization*』이라는 책인데요, 여기서 저자들은 과거의 일을 쓰던 역사가에서 미래의 일을 쓰는 역사가로 변

9 나오미 오레스케스·에릭 M. 콘웨이, 『의혹을 팝니다: 담배 산업에서 지구 온난화까지 기업의 용병이 된 과학자들』, 유강은 옮김, 미지북스, 2012.

신합니다. 그것도 몇십 년 정도의 가까운 미래가 아니라 아주 먼 미래로 배경을 옮겨서, 2393년의 역사가를 화자로 등장시킵니다. 2393년의 관점에서 20세기 후반 이후에 일어난 일을 쓰기 위해 오레스케스와 콘웨이는 과학과 역사와 픽션을 접목하는 방식을 취합니다. 자신들이 2014년에 그토록 경고하려 했던 미래가 실제로 닥치면 어떻게 될지를 생생하게 보여주기 위해서입니다.[10]

미래의 역사가는 서양 문명의 몰락 과정을 이렇게 묘사합니다. "2040년에는 혹서와 가뭄이 더 이상 이변이 아니었다. 식수와 식량을 배급하고 맬서스주의에 따라 아이를 하나만 낳도록 하는 인구정책을 실시하는 등 통제 조치가 취해졌다. [……] 그러다가 2041년 여름 북반구에 전례 없는 폭염이 닥쳐 지구를 달구고 곡물을 말려 죽였다. 사람들은 공포에 휩싸였고 거의 모든 도시에서 식량을 요구하는 폭동이 일어났다." 21세기 중반에 접어들면서 상황은 더 악화됩니다. "2050년대에 들어서자 사회질서가 무너지고 정부가 전복되었다. [……] 2060년 여름이 되자 북극 지방의 만년설이 사라졌다. 수십 종의 생물이 멸종했

10 나오미 오레스케스·에릭 M. 콘웨이, 『다가올 역사, 서양 문명의 몰락: 300년 후 미래에서 위기에 처한 현대 문명을 바라보다』, 홍한별 옮김, 갈라파고스, 2015.

다. 21세기의 도도새 같은 상징이었던 북극곰도 사라졌다." 2073년과 2093년 사이에는 극지의 빙하가 녹아 해수면이 상승했고, 이 때문에 15억 명이 살던 곳을 떠나게 되었습니다. 물에 잠기거나 사막으로 변해 사람이 살 수 없는 지역이 늘어났고, 2차 흑사병이 창궐하기도 했습니다. 몇몇 기존 국가들은 몰락하고, 대신 제2중화인민공화국이라는 새롭고 강력한 국가가 등장하기도 했습니다. 기후, 생태, 정치가 동시에 격변하는 미래입니다.[11]

가상 역사를 쓴 오레스케스와 콘웨이는 미래 역사가의 입을 통해 자신들이 가장 안타깝게 생각하는 점을 드러냅니다. 역사가는 "서양 문명은 스스로 종말을 예측할 능력이 있었을 뿐 아니라 실제로 예측했다는 점에서 이전의 문명과는 다르다"고 평가합니다.[12] 문제는 인류가 미래를 예측할 수 있었으면서도 미래를 대비하거나 파국을 막지 못했다는 점입니다. 역사가는 21세기 초의 인류가 기후변화가 지구에 미칠 영향에 대해 상당히 많은 과학 지식을 가지고 있었으면서도 그 지식에 따라 행동하지 못했다고 지적합니다. 이 역사가가 보기에 1988년부터 2093년 사이의 기간은 '반암흑기'였습니다. '기후변화에 관한 정부간

11 같은 책, pp. 51~59.

12 같은 책, p. 19.

패널IPCC'이 1988년에 설립되었지만, "계몽을 이루었다는 서양의 기술과학 국가들에 20세기 후반부에 드리운 반지성주의의 그림자"는 다가올 재앙을 막는 데 과학이 할 수 있는 역할을 축소시켰습니다. 특히 화석연료를 사용하는 문명 덕에 번창해온 '탄소연소 복합체carbon combustion complex'는 기후변화의 미래를 경고하는 과학을 적극적으로 부정했습니다.[13]

기후-미래의 중요성, 심각성을 알리려는 역사학자들의 노력이 크게 성공했다고 보기는 어렵습니다. 미국이든 한국이든 미래 담론의 장에서 기후-미래는 기술-미래에 비해 별로 주목을 받지 못하거나 외면당하고 있습니다. 인기 있는 미래와 인기 없는 미래의 간극은 쉽게 극복할 수 없습니다. 그래도 지금 우리의 지식으로 상당히 잘 예측할 수 있는 미래 시나리오가 있다는 사실을 알리고, 단기적 기술-미래만이 아니라 장기적 기후-미래 또한 미래 시나리오의 하나로 대접받아야 한다는 주장을 명확히 해두었다는 의의가 있습니다. 기술-미래 중심의 미래 담론에 대해 "기후-미래는 왜 미래가 아닌가"라고 반론을 던진 것입니다.

13 같은 책, p. 91. 이 내용은 신문 칼럼에서도 소개한 바 있습니다. 전치형, "2093년, 인류의 몰락," 『경향신문』(2017. 10. 12).

어떤 미래의 인기는 그것이 실현될 확률과 단순히 비례하거나 반비례하지 않습니다. 보통의 경우 사람들의 마음을 불편하게 하지 않는 미래가 더 많은 관심을 받습니다. 자연스러운 일이라고 할 수 있겠죠. 그보다 더 중요한 것은, 특정 미래상이 널리 퍼져 주류 담론이 될수록, 또 그와는 다른 미래상이 확산되는 것을 잘 막을수록 더 많은 정치적, 경제적 이익을 얻는 집단이 항상 존재한다는 사실입니다. 그래서 미래 담론들끼리의 경쟁도 '기울어진 운동장'에서 벌어질 수 있습니다. 누가 어떤 동기로 어떤 미래를 퍼뜨리고 어떤 미래를 억압하는지 판단하려면 각종 미래상에 담긴 정치적, 경제적, 문화적 함의를 이해해야 합니다. 독점적인 지위를 점한 미래를 비판적으로 검토해보고, 그 뒤에 가려진 미래를 발굴하고 공유하려는 시도도 필요합니다.

경합하는 미래들

모두가 좋아하고 환영하는 미래는 없습니다. 그래서 우리에게는 언제나 경합하는 복수의 미래들이 있습니다. 개인,

집단, 기업, 국가는 현실적 조건과 통념과 이해관계의 틀 안에서 미래를 상상하고 설계하고 전파합니다. 사회경제적 조건에 따라, 정치적 이념에 따라, 혹은 문화적 감수성에 따라 각자가 내놓는 미래상도 크게 달라집니다. 북한 건축가가 설계한 미래에서 보았듯이 미래는 그것을 예측하는 사람이나 사회가 처해 있는 정치적, 경제적 조건으로부터 자유롭지 못합니다. 어떤 조건을 가진 어떤 사람들이 예측하는 미래인지 항상 살펴봐야 하는 이유입니다. 또 일본 인공지능학회지를 둘러싼 논란에서 보았듯이 미래는 현재의 인식, 담론, 관습, 통념, 사회적 관계 등과 단절될 수 없다는 점도 유념해야 합니다.

따라서 우리의 현재가 우리가 전망하는 미래에 어떻게 투영되어 있는지를 성찰적으로 검토하는 작업이 필요합니다. 기후-미래를 둘러싼 싸움에서 보았듯이 누군가에게 불편한 미래 지식과 전망은 적극적으로 무시당하고 방해를 받습니다. 미래 담론 지형에서 누구의 힘이 강하게 작동하고 있는지 항상 관찰해야 여러 미래들 사이에서 적절한 균형을 잡을 수 있습니다.

현재의 차이와 갈등은 미래로 투영되고 연장되고 변형되고 확대됩니다. 그러므로 우리가 상상하는 미래들은 대개 편협하고, 일방적이고, 단편적일 것입니다. 주류 기술-미래 담론은 몇몇 부작용이나 윤리 문제만 해결한다면 웬만한 차이와 갈등은 과학기술로 해소할 수 있는 '하나의' 미래가 올 것처럼 설파합니다. 그러나 어떤 미래를 상상할지 결정하는 것이야말로 서로 갈등하고 경합하는 정치적, 경제적, 문화적 입장들을 드러내고 토론하고 조율하고 선택하는 일입니다. 특히 예측된 미래에 대비하려는 시도를 놓고서는 더 심하게 이해관계가 갈립니다. 결국 미래, 미래 예측, 미래 대비는 모두 정치적인 선택입니다. 미래에 대해 좀더 좋은 선택을 하려면 우리는 기술 중심의 미래 논의를 좀더 정치적인 논의로 확대해야 합니다. 기술-미래와 기후-미래, 또 다른 여러 미래들을 골고루 상상하고 논쟁할 수 있어야 합니다. 미래상에도 다양성이 필요합니다.

8강

미래 예측과
미래 담론

요즘 한국에서 미래 예측과 미래학이 '붐'이라고 할 정도로 유행입니다. 많은 이들이 미래 전망서를 내놓고 있으며, 이 중 어떤 책은 베스트셀러가 됩니다. "유엔미래보고서"처럼 권위 있는 기관의 이름을 제목에 사용한 책들도 있습니다. 대부분의 국책연구기관에 미래와 관련된 부서나 연구팀이 꼭 하나씩 있을 정도로 정부에서도 관심이 많습니다. 정치인과 관료는 미래를 알기 위해 노력하는데, 특히 이명박 정부 때부터 이런 성향이 더 심해졌습니다. 미래 예측과 관련된 연구소나 대학의 프로그램 역시 이때 생겨나기 시작했습니다.

2016년 10월, 서울에서 '4차 산업혁명'에 대한 국제 심포지엄이 열렸습니다. 주최 측은 이를 계기로 국내 전문가 100명에게 4차 산업혁명이 언제 도래할 것인가를 물었는데, 이 중 75퍼센트가 5년 내로 4차 산업혁명이 올 것이라는 답을 했다고 합니다. 4차 산업혁명은 인공지능, 로보틱스, 사물인터넷 등이 결합해서 만들어내는 혁명을 의미합니다. 그런데 대선을 거치고 2017년이 되면 모든 사람이 4차 산업혁명이 이미 진행 중이라고 생각하게 됩니다. 정부는 4차산업혁명위원회를 발족시키고, 각 대학과 연구소는 4차 산업혁명을 준비하기 위한 조직을 출범시킵니다. 3차 산업혁명이 시작된 게 엊그제 같은데, 지금 우리는 4차 산업혁명을 빠르게 경험하고(!) 있습니다. 5년 전까지만 해도 우리나라가 얼마 지나지 않아 4차 산업혁명의 문턱을 넘어서서 이에 적극적으로 대처하게 되리라는 사실을 그 누구도 예측하지 못했습니다.

미래는 결정되어 있는가

사람들은 대개 미래가 운명처럼 미리 정해져 있을 것 같다는 생각을 많이 합니다. 신화에도 보면 그런 게 있죠. 대표적으로 그리스 신화에 등장하는 오이디푸스가 있습니다. 그는 어떻게든 자신의 운명을 피해보려고 했지만 피할 수 없었던 인물입니다. 미래가 정해져 있었기 때문이죠.

아마 많이 아시겠지만, 오이디푸스는 원래 도시 테바이의 왕자로 태어났습니다. 그런데 신탁을 해보니까 이 아이가 커서 아버지를 죽일 것이라는 예언이 나오지요. 왕은 이 왕자를 죽이자는 결정을 하고, 하인에게 아이를 갖다버리라고 명합니다. 그런데 하인이 이 아이를 한 목동에게 키우게 하죠. 그러다 자식이 없는 다른 왕국의 왕과 왕비에게 이 아이를 줘버려서 오이디푸스는 다른 왕국에서 왕자로 키워집니다.

훗날 오이디푸스는 신탁을 찾아가 자신의 운명을 묻습니다. "너는 아버지를 죽이고 어머니와 결혼할 운명이다"라는 답을 들은 오이디푸스는 이런 일이 절대로 벌어지지 않게 하려고 부모 곁을 떠납니다. 자신을 키워준 부모가 친부모인 줄 알았기 때문입니다. 오이디푸스는 자신이 살던 곳과 아주 먼 다른 곳으로 가다가 친아버지를 만나는데, 싸움이 벌어져서 우연히 친아버지를 정당방위로 죽이게 됩니다. 그리고 왕비를 만나서 그녀와 결혼을 하게 되는데 나중에 알고 보니 자기 어머니였다는 얘기죠. 마지막에 사실이 다 밝혀지고 나서 어머니이자 아내는 죄책감에 자살을 하고 오이디푸스는 자신의 눈을 찔러서 장님이 됩니다. 비극이죠. 하여튼 이런 종류의 얘기들, 미래는 결정되어 있고 자기는 거기서 벗어나려고 해도 벗어날 수 없다는 얘기는 동서고금을 막론하고 많이 있습니다.

그런데 사실 우리가 많이 보는 SF에는 반대의 얘기도 많습니다. 미래를 바꿀 수 있다, 즉 과거로 돌아가서 다시 리셋을 하면 현재가 바뀌면서 미래도 바뀐다는 겁니다. 「프리퀀시Frequency」라는 영화가 있습니다. 아버지와 아들의 얘깁니다. 소방관이던 아버지는 불을 끄다가 사망했습니다. 아버지를 잃은 아들은 계속 아버지를 그리워하면서 자라 이제 청년이 됐습니다. 그는 취미로 무선전신을 하는데, 갑자기 30년 전의 과거와 연결이 됩니다. 자기 아버지와 연결이 된 겁니다. 대화를 나누다가 초자연적인 현상으로 자기 아버지와 연결이 됐다는 걸 알고, 그는 자기 아버지를 구할 생각을 해요. 불이 났던 그 현장에 아버지가 못 가게 하면 되는 거잖아요? 그렇게 결국 아버지를 살립니다. 그런데 아버지를 살리는 과정에서 다른 복잡한 일들이 일어납니다. 당시 미국 사회를 시끄럽게 하던 연쇄살인범이 죽을 운명이었는데 아버지를 살리는 과정에서 이 사람도 살아나요. 이 살인범은 간호사만 죽이는 악당인데, 그가 죽지 않는 바람에 앞으로 살해하게 될 간호사 중에 주인공의 어머니가 될 사람이 있었습니다. 그러니까 아버지는 살아났는데 어머니가 될 사람은 이제 죽는 거죠. 그러면 자기가 태어나지 않게 되는 이상한 일이 벌어지고…… 이런 사실을 알아낸 아버지와 아들이 힘을 합쳐서 어머니의 죽음을 막는 영화예요. 재미있습니다.

그런데 영화 말미에 '반전'이 있습니다. 주인공에게는 어릴 때부터 친하게 지낸 고르도라는 친구가 있었습니다. 고르도는 이 세상에는 부자가 많은데 자기는 왜 이렇게 가난한 거냐며 항상 불평을 하던 친구였어요. 그런데 주인공이 30년 전의 아버지와 통화를 하면서 이웃집의 어린 고르도를 바꿔달라고 한 뒤에, 앞으로 살면서 딱 한 단어만 기억하라고 말합니다. 그 단어는 바로 '야후Yahoo'였어요.[1] 어린아이한테 평생 이 단어 하나만은 꼭 기억하라고 얘기한 거죠. 그래서 야후라는 단어를 기억하고 있던

1 야후는 말이 많고 시끄러운 사람이라는 뜻인데, 인터넷 검색 회사인 야후가 이 단어를 회사명으로 사용했습니다.

고르도는 나중에 닷컴 기업인 야후가 막 등장했을 때 그 주식을 왕창 사서 부자가 됩니다. 영화의 맨 마지막 장면이 고르도가 야후라는 번호판을 단 벤츠를 타고 가는 겁니다. 현재가 싹 바뀐 거죠. 아버지도 살아나고 친구도 부자가 되어 해피엔딩으로 끝나는 건데, 이 영화가 만들어진 것은 닷컴 붐이 최고조에 달했던 2000년입니다.

그런데 미래는 여전히 예측 불가입니다. 2000년에 야후의 주식은 한 주에 115달러 정도였는데, 2012년에는 얼마가 됐느냐 하면 15달러가 됐습니다. 그래서 이 영화에 대한 평 중 하나가 "이 영화가 지금(2012년에) 만들어진다면 이 엔딩을 다시 처리해야 할 것이다. 엔딩은 '야후라는 단어를 절대 기억하지 말라'로 바뀌어야 한다"라고 하는 겁니다. 야후만을 기억했다가는 대박이 아니라, 쪽박을 찼을 수도 있으니까요. 미래는 오이디푸스처럼 미리 정해져 있는 것일까요? 아니면 우리가 마음대로 바꿀 수 있는 것일까요? 아니, 그전에 사람들은 왜 미래를 알고 싶어 하는 것일까요?

미래를
알고 싶어 하는 사람들

만약 미래를 알 수 있다면 무엇을 하겠느냐고 물어보면 로또를 산다는 답변이 가장 많습니다. 이처럼 미래의 수익이라든지 산업 시나리오라든지 장기적인 전략이라든지 하는 것을 미리 알 수 있다면 그러지 못한 사람들보다 훨씬 많은 돈을 벌 수 있고 많은 권력을 가질 수 있습니다. 주식을 하는 분들은 내일 주가가 어떤가, 언제 저점을 찍고 언제 다시 반등할까를 궁금해하지요. 미래에도 계속 꾸준히 수익을 보장하는 주식이 있을까요? 그걸 알 수 있을까요?

증권시장은 예측하기 굉장히 힘든 시장입니다. 1강에서도 얘기했지만 1년 뒤의 주가를 묻는 내기에서 전문가들과 침팬지가 경쟁을 하면 침팬지가 이길 때가 많을 만큼 예측하기 힘든 시장이지요. 〈그림 8-1〉은 증권시장이 돌아가는 방식을 잘 보여주는 만화입니다. 한 사람이 조용히 전화에 대고 "오늘 정말 괜찮은excel 주식을 샀다"고 합니다. 옆에서 이 얘길 엿듣고 "Really Excel?"이라고 하니, 다음 사람이 또 이를 듣고 "Excel?"이라 묻는 것을 그 옆 사람이 "Sell"로 알아듣습니다. 이 다음 사람부터는 "팔자" "팔자" 하고 난리가 납니다. 그러다 한 사람이 (그림 하단에서) "미쳤군. 도저히 못 참겠어. 굿바이!"라고 하니까, 그 옆 사람이 "Good Bye?"라며 엿들은 말을 곱씹고 얼마 후 다음 사람이 이를 "Buy"로 잘못 이해합니다. 그러자 다시 "사자" "사자"의 판이 됩니다. 흥미로운 사실은 이 그림의 시작과 끝이 같다는 것입니다. 무한 반복이지요. 그 속에서 오해를 통해 만들어진 정보가 증폭됩니다. 이처럼 증권시장은 온갖 종류의 기대와 희망과 피드백이 얽혀 있

그림 8-1 주식시장에서 그저 '통상적인 날'에 일어나는 소란을 풍자한 만화.

는 곳이기 때문에 예측이 힘든 것입니다.

다른 사례로, 전 세계적으로 많은 사랑을 받은 휴대폰을 제조했던 핀란드 회사 노키아의 경우를 볼 수 있습니다. 2000년대 초반 몇 년 동안은 우리도 핀란드 모델, 노키아 모델을 따라야 한다는 얘기를 많이 했습니다. 경영 전문가들은 노키아가 무척 혁신적인 기업이며, 계속 강세를 보일 것이라고 예견했습니다. 하지만 2000년대 초반에 250달러까지 치솟았던 주식이 2012년에는 20분의 1로 추락했어요. 사실 2010년까지만 해도 노키아는 강세였습니다. 그러다가 순식간에 점유했던 시장의 대부분을 삼성의 갤럭시 휴대폰에 빼앗겼습니다. 물론 모든 기업이 다 추락할 수 있습니다. 문제는 당시에 노키아의 추락을 예견한 사람이 거의 없었다는 거죠. 그만큼 미래를 아는 것은 쉽지 않다는 겁니다.

삼성전자와 관련된 예측도 많이 돌고 있어요. 2008년 1월 1일에 노무라증권의 노무라종합연구소에서 그해 안에 삼성전자의 위기가 온다고 예측했습니다. 해가 끝날 때쯤 되면 삼성전자의 생사 여부가 결정될 거다, 그런데 아마 살아남지 못할 확률이 크다고 예측했는데 어땠나요? 살아남았죠. 노무라증권은 2012년에는 거꾸로 삼성전자의 주가가 20퍼센트 성장을 하고 주가가 한 주에 135만 원을 찍을 거라는 예측을 내놨어요. 이 밖에도 2011년에는 삼성전자가 3년 뒤에 망한다는 소문이 인터넷상에 떠돌아다녔습니다. 한 경제지의 기사가 소문의 근원지였죠. 그 이유 중의 하나는 소프트웨어를 지금까지 홀대했기 때문이라는 건데, 지금까지도 삼성전자가 망하지 않았으니 이 예측도 틀렸다고 볼 수 있겠죠. 2016년에는 삼성전자의 신제품 '노트 7'의 배터리가 폭발하는 사고가 나면서 삼성전자의 주식이 급락할 거라는 예측이 있었지만, 그 뒤에 삼성전자의 주식은 오히려 최고점을 계속 갱신했고요. 같은 해에는 삼성전자가 10년 내에 망한다는 예측이 나왔습니다. 이 예측이 맞는지는 좀더 지켜봐야 하겠지요.

아마 이런 모든 예측보다 가장 많이 틀렸던 예측은 북한의 정권이 곧 붕괴한다는 예측일 듯합니다. 1980년대부터 북한 정권이 경제적으로 어려운 상황을 이겨내지 못하고 곧 붕괴할 것이라는 예측이 수도 없이 쏟아졌습니다. 15년 뒤에 통일이 된다, 21세기에는 통일이 된다는 예측도 해가 바뀔 때마다 반복되었습니다. 그렇지만 아직까지도 북한 정권은 계속 유지될 뿐만 아니라, 남한 사회에 대한 위협의 정도는 문재인 정부가 들어서기 전까지 계속 증가했습니다. 2017~18년에는 북한과 미국이 곧 전쟁이라도 할 것 같았는데, 갑자기 북미정상회담이 이루어지고 비핵화 합의가 추진되고 있습니다. 이 역시 예측한 사람이 거의 없었습니다.

누가 미래를 잘 아는가

미래 예측과 관련해서 미국에 테틀록Philip E. Tetlock이라는 유명한 심리학자가 재밌는 실험을 했습니다. 이 사람은 젊었을 때 미국 정부에 고용되어서 연구를 했던 심리학자

그림 8-2 2018년 북미정상회담 자리에서 만나 악수를 하고 있는 김정은 국무위원장과 트럼프 대통령의 모습.

입니다. 그는 자신과 함께 일하던 국제정세 전문가들이 소련 사회가 어떻게 변할까를 두고 예측하는 것을 지켜볼 기회가 있었는데요. 흥미롭게도 소련에 대해서 서로 다른 예측을 내놓았던 매파(강경파)와 비둘기파(온건파)가 시간이 지나고 소련이 붕괴한 뒤에도 서로 자신들이 옳았다고 주장하는 것을 목격할 수 있었습니다. 소련이 붕괴했다면 둘 중 한 팀은 틀렸을 텐데 말이죠.

이를 보면서 테틀록은 사회의 미래에 대해서 예측을 하는 전문가들은 (예측을 제시하는 사람이 아니라) 자신이 했던 예측이 옳다고 정당화하고 합리화하는 사람이라고 결론을 지었습니다. 이런 정당화나 합리화가 가능한 이유는 미래에 대한 예측이 예스냐 노냐 하는 식으로 이루어지기보다는 두루뭉술한 말로 이루어지고, 따라서 시간이 지난 뒤에 다른 예측을 내놓았던 사람들이 서로 자기가 맞았다는 식으로 우길 수 있기 때문이었습니다. 그래서 소련 사회에 대해 예측을 했던 온건파와 강경파 모두 자신들이 옳았다고 우길 수 있었던 것이죠.

테틀록은 어떤 질문에 대해서 예스인가 노인가를 묻고, 양자택일을 하라고 하면 전문가의 미래 예측 능력을 확실히 알 수 있다고 생각했습니다. 예를 들자면, 2016년 10월 시점에서 같은 해 12월에 있을 미국 대선에서 도널드 트럼프Donald Trump가 대통령이 될 것인가에 대해 예스 노로 답하라는 식이지요. 테틀록은 1987년부터 2003년에 걸친 기간 동안에 284명의 전문가를 모으고, 미래의 정치, 경제, 국제정세, 사회에 관한 여러 질문을 만들어서 예스 노를 물었습니다. 그리고 보통 사람들과 침팬지에게 다트 던지기 등을 시켜서 같은 질문에 똑같이 답하게 했고요. 그 결과 미래 예측에 대해서는 전문가의 예측이 일반인이나 침팬지가 다트를 던져서 '찍은 것'보다 낫지 않다는 것을 보여줍니다.[2]

그렇지만 이보다 더 흥미로운 사실은 전문가들 사이에도 차이가 있다는 것이었습니다. 어떤 전문가는 다른 전문가보다 더 잘 맞힌다는 거죠. 확실히 두드러진 경향은 TV에 자주 나오는 유명한 전문가들이 가장 예측력이 낮다는 것이었습니다. 이들은 세상에 대한 확고한 신념을 가진 사람들이었습니다. 목소리는 크고, 귀는 막힌 사람들이었다는 것이죠. 반대로 상대적으로 잘 맞힌 전문가들은 귀를 열어둔 사람들이었습니다.

테틀록은 이런 비교를 통해 '고슴도치 대 여우 모델'

2 테틀록에 대해서는 Louis Menand, "Everybody's an Expert," *New Yorker*(5 December 2005). (https://www.newyorker.com/magazine/2005/12/05/everybodys-an-expert) 참조.

을 내놓았습니다.[3] 고슴도치는 자신의 전문지식에 대해 확신하고, 빅 아이디어big idea를 가지고 있으며, 자신의 예측에 대해 자신감이 충만합니다. 반면 여우는 자신의 지식의 불확실성을 알고 있고, 따라서 자신감이 크지 않으며 다양한 가능성을 생각하고 우유부단한 자세를 취합니다. 그런데 고슴도치 타입과 여우 타입으로 구분해봤더니 여우 타입이 훨씬 더 잘 맞히더라는 겁니다. 자신의 예측에 대해 자신감이 없고 사회의 불확실성을 훨씬 잘 끌어안는 사람들이 더 잘 맞혔고, 고슴도치 타입은 침팬지가 다트를 던진 것보다 못했습니다. 고슴도치 타입은 예측력에서 꼴찌였습니다.

테틀록은 이런 결과를 담은 『전문가의 정치적 판단』이라는 책을 썼고, 이 책은 베스트셀러가 됐습니다. 그는 미래 예측 분야의 '전문가' 대다수가 믿을 만하지 못하며, 그나마 믿을 만한 전문가는 미래에 대해서 자신만만한 사람이 아니라 오히려 신중하게 자료 수집과 증거 평가 등을

3 "고슴도치와 여우"는 20세기 사상가 이사야 벌린Isaiah Berlin의 유명한 철학 에세이 제목이기도 합니다. 여기서도 고대 그리스 시인 아르킬로코스의 말 "여우는 많은 것을 알고 있지만 고슴도치는 하나의 큰 것을 알고 있다"에 근거해 이야기를 전개해나갑니다. Isaiah Berlin, *The Hedgehog and the Fox: An Essay on Tolstoy's View of History*, London: Weidenfeld & Nicolson, 1953.

하는 사람임을 설득력 있게 제시했습니다.[4]

그러면 미래 예측 전문가들은 전부 다트를 던지는 침팬지만 못한 엉터리일까요? 아닐 수 있습니다. 네이트 실버Nate Silver의 『신호와 소음』이라는 책이 있습니다. 미국에서 처음 2012년에 출판된 이 책은 계약 당시 선인세가 70만 달러나 되었던 화제의 책이었습니다. 이 책의 부제는 "왜 수많은 예측이 실패하지만, 어떤 예측은 그렇지 않은가?"였습니다.[5] 실버는 명문 시카고 대학 경제학과를 졸업한 경제학도였지만, 공부를 더 해서 경제학자의 길을 밟는 대신에 야구경기를 보고 결과를 예측하는 잡지사 기자의 길을 택했습니다. 워낙 야구를 좋아하기도 했고요. 그는 야구 기록을 정리해서 승률을 평가하고 예측하는 페코타PECOTA라는 통계 프로그램을 만들기도 합니다. 지금 한국의 여러 프로야구팀도 이 프로그램을 쓰고 있습니다.

브래드 피트Brad Pitt가 주인공으로 나오는 영화 「머니볼Moneyball」을 보면 감독이 통계 예측가 '피터'를 고용

4 Philip E. Tetlock, *Expert Political Judgment: How Good Is It? How Can We Know?*, Princeton: Princeton University Press, 2006.

5 Nate Silver, *The Signal and the Noise: Why So Many Predictions Fail—but Some Don't*, New York: Penguin, 2012. [한국어판: 『신호와 소음: 미래는 어떻게 당신 손에 잡히는가』, 이경식 옮김, 더퀘스트, 2014]. 한국어판의 부제는 원래 부제의 의미를 충분히 살리지 못하고 있습니다.

해서 승부 확률을 높이는 장면이 나옵니다. 그 통계 예측가들은 일반 감독과 달리, 색다른 방식으로 선수를 고용하고, 야구 경기 전략을 지시합니다. 예를 들어, 이들은 팀의 득점에 기여한 유명한 선수보다 출루율이 높은 숨겨진 선수를 스카우트하는 것을 중요하게 생각합니다. 그리고 득점 생산력runs created 같은 여러 공식들을 이용해서 팀이 얻을 점수를 예상합니다.[6] 영화 「머니볼」은 이렇게 복잡한 공식과 통계를 이용해서, 저평가되었지만 승률에 기여할 수 있는 선수들을 집중 스카우트한 '오클랜드 애슬레틱스' 팀이 꼴찌에서 20연승이라는 놀라운 기록을 이뤄내는 과정을 보여줍니다. 이건 실제로 있었던 일입니다. 네이트 실버는 이런 예측을 주로 하던 통계학자 중 한 명이었습니다. 그는 2003년부터 2008년까지 야구에 대한 글을 200편 이상 썼을 정도로 이 방면에서는 꽤 잘 알려진 사람이 됐습니다.

실버는 이런 일을 하면서 2007년에 익명으로 정치 블로그를 개설합니다. 여기에 정치 예측과 관련된 글을 올리다가, 2008년 대선을 앞두고 '파이브서티에이트FiveThirtyEight'라는 웹사이트를 개설합니다.[7] 대통령 선거

6 득점 생산력 RC=(안타+볼넷)×총 루타수÷(타수+볼넷).

7 538은 미국 대통령 선거인단 수를 의미합니다. 하원 435명, 상원 100명에

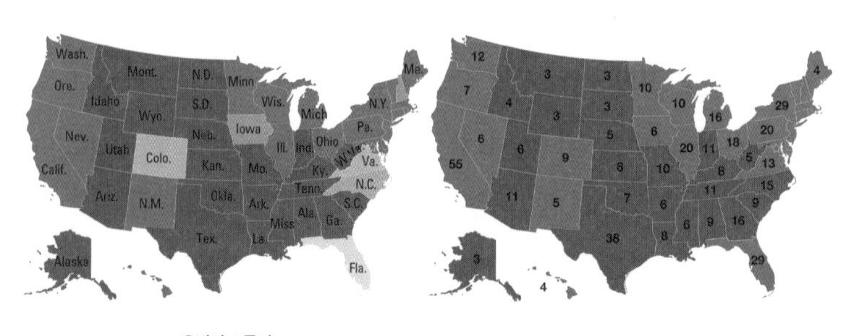

그림 8-3 2012년 실버의 미국 대선 예측(왼쪽)과 실제 결과(오른쪽).

결과를 예측하는 사이트였는데요, 그는 당시 후보였던 버락 오바마와 존 매케인John McCain 중에 누가 어디서 이길 것인가를 예측합니다. 미국은 각 주별로 선거인단 선거를 하는데, 실버는 2008년 미국 대선에서 50개 주 가운데 49개를 맞혔지요. 상원의원 35개 선거구의 결과도 다 맞혔습니다. 그 결과 실버는 『뉴욕 타임스』에 스카우트되어, 정치 예측에 대한 칼럼을 쓰기 시작합니다. 2012년 오바마와 밋 롬니Mitt Romney가 대결한 미국 대선 때는 선거 일주일 전에 둘이 팽팽하다는 대부분의 분석과 달리 75퍼센트의 확률로 오바마가 당선된다고 예측했지요. 당시 여론

행정수도 워싱턴이 있는 컬럼비아 선거구의 3명을 합치면 총 538명이 됩니다.

조사기관인 갤럽은 오바마의 패배를 예측했지만, 실버는 50개 주의 결과를 하나도 틀리지 않고 다 맞혔습니다(〈그림 8-3〉). 이후 그는 '마법사'라는 별명을 얻었고, 이때 낸 책이 바로 『신호와 소음』입니다. 이 책이 왜 특히 미국에서 선풍적인 인기를 얻었는지 짐작할 수 있겠지요?

그 뒤에 실버는 『뉴욕 타임스』를 그만두고 축구팀의 성적을 평가하고 결과를 예측하는 SPI(Soccer Power Index)를 개발하고 'FiveThirtyEight'라는 회사를 세웠습니다. 그런데 축구는 야구보다 예측하기가 힘들었습니다. 이는 실버도 처음부터 인정했던 부분입니다. 선수 하나가 큰 부상을 당하면 승률이 바뀌기 때문에, 야구에서 하던 방식으로는 예측이 힘들었습니다. 그는 2014년에 월드컵 결승 진출팀을 예측하지 못했고, 다만 독일과 아르헨티나가 결승에 올랐을 때 독일이 62퍼센트, 아르헨티나가 38퍼센트의 승률을 가진다고 예측했습니다. 결과는 독일이 1 대 0으로 아르헨티나를 이겼지요. 그는 선거에서도 미국 대선이 가장 예측하기가 쉽고, 미국 상원의원 선거도 쉽지만, 영국 총선은 훨씬 어렵다고 말했습니다. 실버에게는 추종자들도 많지만 비판자들도 많습니다. 특히 실버는 자신의 예측이 100퍼센트 들어맞았음을 강조하는데, 비판자들은 그가 사용하는 확률적 방법의 특성상 100퍼센트 정확할 수 없다는 것을 스스로도 잘 알고 있음에도 100퍼센트 적중을 얘기하는 게 자가당착이라고 비판하기도 합니다.

fivethirtyeight.com은 실버가 만든 홈페이지입니다. 흥미롭게도 이 홈페이지의 로고는 여우의 모습을 본뜬 것입니다. 자기네들은 고슴도치가 아니라 여우의 기질을 가지고 있다는 걸 드러내기 위한 장치입니다. 혜안을 가진 예언자가 아니라, 온갖 경우와 다양한 정보에 대한 통계적 처리를 사용한다는 거예요. 자신들이 고슴도치가 아니라 여우여야 한다는 아이디어는 물론 테틀록의 영향을 받은 것입니다. 실버는 2014년의 월드컵 승자를 예측하기 위해서 시뮬레이션을 1만 번 돌렸다고 합니다. 이럴 정도로 수많은 가능성을 생각하고 고려한다는 것이지요.

실버는 『신호와 소음』에서 미래 예측의 핵심이 1) 소음에 파묻히지 않고, 2) 소음과 신호를 잘 구별하는 것이라고 주장합니다. 이 책의 독자 중에는 테틀록도 있었습니다. 앞서 살펴보았듯 미래 예측에 대해 약간 부정적이었던 테틀록은 이 책을 읽고 나서 1년 뒤 국제정세를 예측하는 토너먼트 경기를 기획합니다. 예를 들어 1년 뒤에 그리스 경제는 어떻게 될 것인가, 어느 나라가 EU를 탈퇴할 것인가 등을 예측하는 경기였습니다. 그는 부인과 함께 팀을 조직하고, MIT와 버클리의 전문가들에게도 팀을 조직해서 이 토너먼트에 참여하게 합니다. 이 토너먼트에서는 늘 '여우'의 태도를 견지한 테틀록의 팀이 1등을 했습니다. 그는 몇 년에 걸쳐서 이런 토너먼트를 하면서, 미래사회 예측에 대한 태도를 바꿉니다. 사람들을 잘 조직하고, 귀를 열어두면서 정보를 잘 수집하고, 토너먼트와 같은 자극을 제공하면 미래를 어느 정도는 예측할 수 있다는 쪽으로요. 미래 예측에 대한 테틀록의 긍정적인 평가를 담은 책은 『슈퍼 예측*Superforecasting*』이라는 제목으로 출판됐습니다.[8] 이렇게 미래 예측의 두 거물인 테틀록과 실버는 서로에게 영향을 줍니다.

실버와 테틀록이 힘을 합치면 미래 예측은 가능할까요? 글쎄요, 네이트 실버는 2016년에 큰 수모를 당하게 됩니다. 미국 대선 예측에서 연거푸 실패했기 때문이지요. 그는 공화당 경선에서 도널드 트럼프가 아닌 마코 루비오 Marco Rubio가 후보로 낙점될 것이라고 예측했습니다. 이 예측이 빗나간 뒤에는, 트럼프가 1위를 해도 중재전당대회를 통해 대선 후보는 될 수 없다고 예측했습니다. 이 예측도 빗나갔지요. 힐러리 클린턴Hillary Clinton과 트럼프의 대결에 대해서는 대선 전날까지도 71퍼센트의 확률로 클

8 필립 E. 테틀록·댄 가드너, 『슈퍼 예측, 그들은 어떻게 미래를 보았는가』, 이경남 옮김, 알키, 2017.

린턴이 당선된다고 예측했습니다. 당시 『뉴욕 타임스』는 85퍼센트의 확률로, CNN은 91퍼센트의 확률로 클린턴의 승리를 점쳤습니다. 잘 알려지지 않았던 인도의 한 인공지능 회사만이 자신들이 개발한 프로그램을 사용해서 트럼프의 승리를 예견했을 뿐입니다.[9] 결과는 트럼프의 승리였고, 네이트 실버는 그래도 자신의 방법론이 유효했다고 주장하다가 그를 지지하던 지지층의 상당 부분을 잃어버렸습니다. 2016년의 미국 대선은 소위 '과학적 방법론'을 써서 미래를 예측하는 것이 얼마나 어려운 일인가를 새삼 다시 보여준 사건이었습니다.

미래 예측의 방법론

그렇다면 미래는 어떻게 예측할 수 있는 걸까요? 미래학자의 답을 한번 들어보겠습니다.

미래학은 예언과는 좀 다릅니다. 우리가, 보통 사람들이

9 "美 대선에서 드러난 '빅데이터'의 오류," 『한국경제매거진』(2016. 12. 14).

이제 미래를 어떻게 우리가 예측할 수 있을까, 라고 많이 말씀하시는데요. 그건 조금 더 정확히 말하면, 미래는 예언할 수 없는 겁니다. 정확히 무슨 일이 언제 어느 때 일어날지는 아무도 예언할 수가 없죠. 그건 이제 신의 영역이고요. 대신 인간은, 미래가 우리에겐 굉장히 중요하죠. 왜냐하면 내가, 미래가 어떻게 될 것이냐, 하는 생각하에서 계획도 세우고 전략도 세우고 행동을 하죠. 그래서 그것이 개인들이 가지는 미래의 상이라고 그러는데요. 그 미래의 상을 좀더 균형 있게, 좀더 유용하게 만들기 위해서 1950년대부터 현대 미래학이 생겼다, 라고 보시면 됩니다.

[……] 미래학은 40여 가지가 넘는 예측 방법론들이 있습니다. 물론 기존에 있던 방법론을 가져오기도 하고, 또 그걸 개발하기도 하고 그러는데요. 예를 들면 사회과학적 방법론이라든지, 문화인류학적 방법론, 철학적 방법론, 수학적 방법론, 또 기타 과학적 방법론, 요새는 컴퓨터 시뮬레이션 방법론들이 또 굉장히 많이 도입이 됩니다. 그런 방법론들을 가지고…… 미래는 갑자기 오지 않습니다. 미래는 미래징후를 주고 오죠. 이걸 이제 퓨처 시그널future signal이라고 그러는데, 그 징후, 혹은 미래는 그냥 만들어지는 것이 아니라 미래를 만드는 힘

이 있습니다. 그 힘이 계속 지속된다면, 이런 조건 값을 놓고, 그러면 어떤 미래가 펼쳐질 가능성, 즉 possibility와 probability, 그런 측면에서 우리가 연구를 하죠. 혹은 이 힘이 새로운 어떤 기술적 변수라든지, 혹은 사회적으로 커다란 이슈, 정세 변화 이런 게 있으면 또 다른 alternative future, 미래의 가능성은 무언지, 혹은 이게 가다가 갑자기 힘이 단절되면, 그 단절되는 것으로 인해서 새로운 힘이 발생되면 어떤 미래가 펼쳐질지에 대해서, 이런 식으로 좀 논리적이고 체계적인 미래에 대한 생각들 혹은 연구들을 한다, 라고 보시면 됩니다.[10]

미래를 연구하는 사람들은 미래 연구, 혹은 미래학에 수많은 방법론이 있다고 합니다. 위의 인터뷰에서도 40여 가지가 넘는 방법론이 있다는 얘기가 나오는데, 이를 나열해보면 다음과 같습니다.

1) 환경스캐닝 기법Environmental Scanning, **2)** 델파이 기법The Delphi Method, **3)** 리얼타임 델파이 기법Real-Time

10 "'한국 미래학자 1호에게 듣는 우리의 미래' — 아시아미래인재연구소 최윤식 소장 인터뷰," YTN 라디오 「생생경제」(2013. 11. 8). (http://radio.ytn.co.kr/program/?f=2&id=27153&s_mcd=0206&s_hcd=15).

Delphi, **4)** 퓨처스 휠 기법The Futures Wheel, **5)** 퓨처스 폴리곤 기법The Futures Polygon, **6)** 트렌드 영향력 분석 기법Trend Impact Analysis, **7)** 교차영향 분석 기법Cross-Impact Analysis, **8)** 와일드카드Wild Cards, **9)** 구조적 분석 기법Structural Analysis, **10)** 시스템 모델 기법The System Perspective, **11)** 의사결정 모델링 기법Decision Modelling, **12)** 대입 분석 기법Substitution Analysis, **13)** 통계학 모델링 기법Statistical Modelling, **14)** 기술 발전 단계 분석 기법Technology Sequence Analysis, **15)** 형태학적 분석 기법Morphological Analysis, **16)** 분야별 관련성 분석 기법Relevance Trees, **17)** 시나리오 기법Scenarios, **18)** 상호작용 시나리오 기법Interactive Scenarios, **19)** 확고한 의사결정 기법Robust Decision-making, **20)** 참여 기법Participatory Methods, **21)** 시뮬레이션과 게임 기법Simulation and Games, **22)** 천재적 예측비전 직관통찰력Genius Forecasting, Intuition and Vision, **23)** 미래 비전 활용 기법Using Vision in Futures, **24)** 표준예측 기법Normative Forecasting, **25)** 체계적 문제해결 기법TRIZ, **26)** 과학기술 로드맵 기법S&T Road Mapping, **27)** 필드 변칙 완화 기법Field Anomaly Relaxation(FAR), **28)** 기술 예측 텍스트 마이닝 기법Text Mining for Technology Foresight, **29)** 에이전트 모델링 기법Agent Modeling, **30)** 예

측시장 기법Prediction Markets, **31)** 신경회로망 적용 기법Applications of Neural Networks to Futures Research, **32)** 국가미래지수 기법State of the Future Index(SOFI), **33)** SOFI 소프트웨어 기법SOFI Software System, **34)** 카오스 이론 극복 기법Coping with Chaos, **35)** 멀티 전망 개념 기법The Multiple Perspective Concept, **36)** 시나리오 기획 툴박스 기법A Toolbox for Scenario Planning, **37)** 발견적 방법 모델링 기법Heuristics Modeling, **38)** 개개인의 미래 기법Personal Futures, **39)** 일상 분석법Causal Layered Analysis, **40)** 통합비교 기법Integration, Comparisons and Frontiers of FR Methods.[11]

머리가 어지러울 정도입니다. 이런 리스트를 보면 미래학이 수많은 방법론으로 무장한 것은 확실해 보입니다. 미래학자들은 이런 방법론을 여러 가지 방식으로 분류합니다. 이것을 〈그림 8-4〉와 같이 다이아몬드 형태의 네 꼭짓점에 배열할 수도 있습니다. 한 꼭짓점에는 전문성을 강조하는 방법론, 그 대칭에 있는 꼭짓점에는 일반 사람들과 전문가들 사이의 상호작용, 즉 상호성을 강조하는 방법론,

11 Jerome C. Glenn & Theodore J. Gordon(eds.), *Futures Research Methodology Version 3.0*, 2009.

다음 꼭짓점에 개인적인 통찰과 창의성을 강조하는 방법론, 그리고 그 대칭에 증거를 강조하는 방법론으로 분류가 가능합니다. 이를 또 정성적인 방법론과 정량적인 방법론으로 세분할 수도 있습니다.

이처럼 방법론의 종류는 많지만 실제로 자주 쓰이는 것은 몇 가지입니다. 가장 많이 사용되는 것이 델파이 기법입니다. 이것은 미래의 기술, 경제, 교육, 군사와 관련해서 예측을 할 때, 전문가들에게 의견을 물어서 수렴을 거치는 기법입니다. 전문가를 선정하고 미래에 대한 설문을

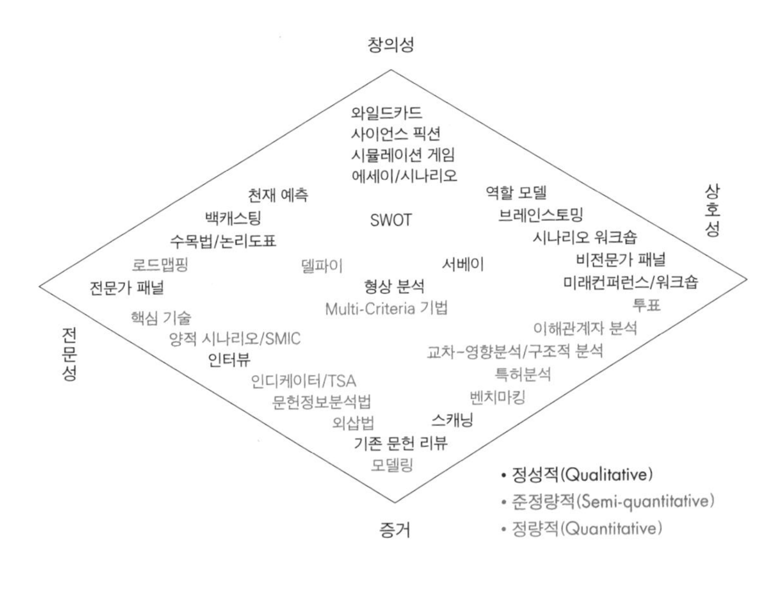

그림 8-4 포사이트의 다이아몬드.

한 뒤에 서로의 이름을 감추고 결과를 수집한 것을 회람시켜서 다른 사람의 견해에 대해 논평을 하게 하는데요, 세 번 정도 설문이 이루어진 뒤에는 어느 정도 의견이 수렴됩니다. 이렇게 수렴된 결과가 델파이 기법의 미래 예측 결과입니다.

그리고 또 많이 사용되는 기법이 시나리오 기법입니다. 시나리오 기법은 미래에 일어날 수 있는 여러 가지 상황을 마치 연극 대본처럼 이야기 형식으로 전달하여 미래의 다양한 모습을 보여주는 예측 기법입니다. 복잡한 요인들이 얽힌 사회적, 정치적 이슈와 관련된 미래의 모습을 이해 당사자, 변화 요인, 사회의 잠재력 등과 연결지어 고려해보고 그 결과를 예상해보는 기법인데요. 미래에 대한 하나의 시나리오를 지정하고 우리가 이 지점에 어떻게 도달할 수 있는가를 역으로 따져보는 방법과, 지금의 여러 조건들이 다양하게 어우러졌을 때 도달할 수 있는 복수의 시나리오를 검토하는 방법 등이 사용됩니다.

교차영향 분석 기법은 어떤 상황을 발생케 하거나 억제하는 다양한 사건들 간의 영향력의 양식, 규모, 시간차 등을 추정하는 방법입니다. 이 방법은 미래를 만드는 여러 사건들이 서로 영향을 주고받는다는 전제에서 출발하기 때문에, 한 상황이 벌어질 확률을 예측하고 여기에 영향을 미치는 다른 요소들을 고려해서 그 확률 값을 수정합니다. 그 밖에도 여러 미래 예측 방법론이 있는데 대표적으로 간단하기 때문에 종종 사용되는 추세 외삽법Trend Extrapolation이 있습니다. 현재 추세를 보고 이 추세가 계속 이어지면 10년 뒤에 어떤 결과가 나올지를 예상하는 것입니다.

세계 52개국의 학자와 기업인, 전직 대통령 등 100여 명이 참여하여 인구, 자원, 환경 등을 둘러싼 미래 예측을 내놓은 거대 프로젝트가 있었습니다. 바로 '로마클럽보고서'인데요. 1960년대 말, 70년대 초에 있었던 이 프로젝트에서는 단순히 객관적인 예측을 제시한 것이 아니라, 현 상태로 인구 증가가 계속되고 자원 이용 방식이 변하지 않으면 2100년이 오기 전에 한계에 도달해서 결국 파국을 맞이할 것이라는 경고를 담고 있습니다. 어떤 면에서는 그러한 미래에 개입하려고 한 정치적 시도라고 볼 수 있습니다. 아무튼 이 로마클럽보고서는 교차영향 분석과 비슷한 방법을 사용하고 있습니다. 예를 들어 인구와 땅, 농업자본, 그다음에 오염과 산업자본 사이의 상호작용의 관계를 양(+)의 피드백과 음(-)의 피드백을 사용해서 분석합니다. 인구와 서비스 자본, 산업자본, 재생 불가능한 축적재원 사이의 관계를 같은 방법으로 분석하기도 합니다.

이런 식으로 세상을 구성하는 요소들 사이의 상호작용이 어떤 것은 양의 피드백으로, 다른 것은 음의 피드백으로 연결될 수 있습니다. 그러니까 하나가 증가하면 다른 하나가 증가할 수 있고, 하나가 증가할 때 다른 하나가 감소할 수도 있습니다. 이처럼 세계라는 거대한 시스템의 모든 구성요소 사이에서 이런 관계를 파악할 수 있다면, 그리고 그것을 컴퓨터로 돌려서 이런 식의 관계가 얼마 동안 지속될 때 이 시스템이 어떻게 진화할 것인가를 알 수 있다면, 지구의 미래도 예측할 수 있다는 게 그 당시 생겼던 신념이었습니다. 1972년에 출판된 로마클럽보고서 『성장의 한계』는 이런 분석을 한 뒤에 인류가 인구, 에너지, 환경에 대해서 어떤 강력한 조치를 취하지 않는다면 인류 문명이 2070년경에 붕괴할 것이라고 예측했습니다.[12]

로마클럽보고서 『성장의 한계』는 지난 40년 동안 많은 비판을 받았습니다. 특히 천연자원이 일찍 고갈된다는 예측이 가장 큰 비판의 대상이었습니다. 예를 들어, 『성장의 한계』는 금이 9년 내에 고갈된다고 예측했는데, 이것이 크게 빗나가니까 다른 예측들도 덩달아 비판의 대상이 되

12 Donella H. Meadows et al., *The Limits to Growth: A Report for the Club of Rome's Project on the Predicament of Mankind*, New York: Universe Books, 1972.

었지요.[13] 그런데 최근에는 보고서의 분석이 사실상 옳았고, 문명 전체의 붕괴 조짐이 벌써 보이기 시작했다는 연구도 나오고 있습니다. 지난 몇십 년간 자원이 고갈되어온 경향을 시뮬레이션해보면, 『성장의 한계』에서 말한 경향과 비슷하게 들어맞는다는 분석입니다.[14] 1강에서 계속 강조했지만, 예측이 맞았다, 틀렸다를 판단하는 것은 객관식 시험을 채점해서 성적을 내는 것과는 판이하게 다릅니다. 비슷하게, 로마클럽보고서에 대해서도 크게 빗나간 예측이었다는 평가와 매우 통찰력 있는 예측이었다는 평가가 공존합니다.

여기서는 사실 이 얘기를 하려는 것은 아닙니다. 『성장의 한계』는 수많은 수식과 컴퓨터 시뮬레이션을 사용해서 얻은 결과입니다. 이게 잘 안 맞았던 부분이 있다면 이런 식의 계산이 얼마나 객관적인가 하는 문제를 우리가 생각해보아야 한다는 겁니다. 수식과 시뮬레이션은 객관적인 것 같지만 하나하나의 과정에 분석가의 평가와 가치가

13 Robert M. Solow, "Is the End of the World at Hand?," *Challenge*, vol. 16, no. 1, 1973, pp 39~50; Tim Worstall, "The Club of Rome's Limits to Growth Updated: Entirely Bizarre," *Forbes*(9 April 2012).

14 Graham Turner & Cathy Alexander, "Limits to Growth Was Right. New Research Shows We're Nearing Collapse," *The Guardian*(2 September 2014).

개입됩니다. 하나가 증가하면 다른 하나가 얼마만큼 증가할 것이라는 변수를 부여하는 것은 분석가의 몫이고 그 분석가가 부여한 변수에 따라서 시뮬레이션이 진행됩니다. 우리가 금속이나 석유의 사용량을 외삽해볼 수는 있지만, 이 산출량이 매년 얼마큼씩 늘어날 것인가는 연구자가 값을 부여해야 합니다. 이 복잡한 시뮬레이션에 관여하는 요소들을 전부 알아내서 시뮬레이션을 돌리는 것만 해도 너무 힘든 작업이지만, 설령 그게 가능하다고 해도 각각의 요소를 정하고 추출하고 그 증감분에 대해서 수치를 부여하는 일은 연구자의 몫으로 남습니다. 주관적 판단이 꽤 개입한다는 얘기입니다.

한국의
미래 예측

한국에도 미래를 예측한다는 미래학자들이 많습니다. 2011년에 미래학자 최윤식이 『10년 전쟁: 누가 비즈니스 패권을 차지할 것인가』라는 책을 펴냅니다. 그는 지금도 한국의 '대표적' 미래학자로 손꼽히는 인물입니다. 최윤식은 이 책에서 삼성은 10년 내에 망할 수 있다고 전망합니다. 2013년에는 『2030 대담한 미래』라는 책을 펴냈는데요. 삼성은 5년 내에 망할 수 있다는 예측을 내놨고, 그 근거로 삼성 수익의 대부분을 만들어내는 삼성전자의 갤럭시 휴대폰이 독자적인 운영체계를 갖고 있지 않다는 점을 듭니다. 갤럭시가 쓰고 있는 안드로이드 체계는 구글 것이고 다른 여러 회사들도 함께 사용하는 체계입니다. 따라서 삼성은 애플과 달리 여러 회사들과의 경쟁 속에서 고군분투하고 있으며, 결과적으로 이런 추격 속에서 삼성이 1위를 지키리라는 보장이 없다는 것입니다. 반면에 애플은 독자적 운영체계가 있기 때문에 고객들을 붙잡아놓을 수 있다고 하고요. 그런데 2017년 여름에는 매출과 순이익에서 삼성전자가 애플을 추월했습니다. 2018년과 2019년을 지나면서도 여전히 삼성은 망하지 않고 건재하니, 최소한 이 예측만큼은 틀렸다고 할 수 있겠습니다.

다른 사례를 하나 보겠습니다. 『2030 대담한 미래』에서 최윤식은 "한국이 제2의 IMF를 맞을 수 있다"고 주장합니다. 그는 이 예측의 근거가 무엇이냐는 질문에 이렇게 대답합니다. 앞에서도 인용했던 바로 그 인터뷰입니다.

> [……] 물론 그렇다고 해서 뜻밖의 미래, 즉 일어날 가능성이 낮다고 제가 표현했지만, 특별히 이 책에서 나온 내

용들은 그렇게 현저히 낮은 것은 아니고요. 제 개인적인 소견으로는, 일어날 확률은 현재로서 봐도 한 51퍼센트, 즉 그쪽으로 추가 기울고 있다, 라고 본 거죠.[15]

51퍼센트의 확률로 제2의 IMF를 맞을 수 있다는 것입니다. 예스 노를 반씩 칠한 다트 판에 무작위로 다트를 던져서 예스가 나올 확률이 50퍼센트입니다. 51퍼센트는 이보다 딱 1퍼센트 많은 수치이고요. 계속 들어볼까요?

그런 측면에서 우리나라는 한 2~3년 정도, 앞으로는 대외적 환경, 미국이라든지 유럽발 위기가 좀더 흔들린다든지, 동남아에 외환위기가 발생한다 해도, 우리나라의 현재 fundamental 구조로는 충분히 버틸 수가 있습니다. 그런데 3년 이후가 되면, 좀 상황이 다른 국면으로 전환될 가능성이 있다, 라고 볼 수가 있죠. [……] 금융위기는 거의, 일어날 것은 확실성인데 언제쯤 일어날 것인지가 불확실성에 속하고요. 그 금융위기를, 가계부채로 인해서 발생하는 금융위기를 어떻게 해결하느냐에 따라서

15 "'한국 미래학자 1호에게 듣는 우리의 미래'— 아시아미래인재연구소 최윤식 소장 인터뷰," YTN 라디오 「생생경제」(2013. 11. 8). (http://radio.ytn.co.kr/program/?f=2&id=27153&s_mcd=0206&s_hcd=15).

그것을 더 크게 불려서 해결하느냐, 혹은 해결하는 과정에서 잘못된 정책이라든지 늦은 정책으로 해결의 시기들을 늦추면서 가까스로 해결하게 되면 그 과정 속에서 자칫하면 제2의 외환위기가 발생할 가능성이 충분히 존재한다…… 라고 볼 수 있습니다.[16]

이런 얘기가 전문적인 미래 예측으로 들릴 수 있습니다. 그런데 가만히 보면 그의 얘기는 너무 신중해서 결과를 보고 검증하기가 매우 어렵게 되어 있습니다. 외환위기를 확실히 예측하는 것 같지만, 모호한 부분이 많습니다. "3년 이후가 되면, 좀 상황이 다른 국면으로 전환될 가능성이 있다"라든가, "금융위기는 거의, 일어날 것은 확실성인데 언제쯤 일어날 것인지가 불확실성에 속하고"라는 부분은 다양한 해석의 여지를 열어놓습니다. "잘못된 정책이라든지 늦은 정책"으로 "제2의 외환위기가 발생할 가능성이 충분히 존재한다"라는 표현도 비슷합니다. 외환위기가 일어나면 예측이 맞은 것이고, 안 일어나면 이런 조언을 듣고 정책을 제대로 시행했기 때문이라고 해석할 수 있습니다.

16 같은 곳.

2011년에 나온 『10년 전쟁』은 최윤식이 미래학자로 이름을 알리기 시작한 책인데, 이 책에 보면 재밌는 챕터가 하나 있습니다. 2015년에 살고 있는 정진남이라는 가상 인물의 하루를 예측해본 부분입니다. 당시에는 미래였지만, 지금은 2015년이 이미 과거입니다. 아래 글은 이 부분을 요약한 것이니, 얼마나 들어맞는지 여러분이 한번 스스로 평가를 해보세요.

> 아침에 일어나면 스마트폰의 생체감지센서가 작동을 해서 얼마나 깊은 잠을 잤는지, 아침에 일어날 때 체온과 맥박은 얼마인지 보여줍니다. 이 사람이 잠자는 침대는 바이오침대라 스마트폰과 연동이 되어 있습니다. 그래서 그 정보를 스마트폰에 주는 겁니다. 그리고 화장실에서 이를 닦으면서 거울을 통해 뉴스를 봅니다. 그렇게 하루에 무슨 일이 있었는지 알고, TV에서 나오는 노래를 딱 들어보니까 비틀스의 「렛 잇 비Let it be」입니다. "아, 이거 내가 좋아했던 노래데"라고 생각해서 스마트폰에다 바로 리플레이 버튼을 누릅니다. 그러면 이 노래가 클라우드 컴퓨팅을 통해서 스마트폰에 바로 저장이 돼서 아침에 출근하면서 그 노래를 다시 듣습니다.
>
> 출근은 전기 자동차를 타고 합니다. 전기 자동차가

상당히 보편화되어 있기 때문입니다. 자동차는 자기의 생체 정보를 이용해서 가장 쾌적한 습도와 향기를 맞춰 주고, 유리에 장착된 투명 스크린에는 최적의 노선 정보가 나오고 옆에는 숙취 드링크 광고가 나옵니다. 그래서 버튼을 누르면 그 드링크가 회사 사무실로 배달이 되어 있습니다. 내비게이터가 과속경보를 울리면 그 과속경보는 보험회사로 바로 전송이 돼서 자기 보험의 감점 원인으로 축적이 됩니다. 회사에 가서는 특수 안경 없이 홀로그램 화상 회의를 합니다. 중국 사람과 화상 회의를 하는데 중국어는 자동으로 번역이 돼서 나옵니다. 스크린 위에 촉각 키보드가 있어서 스크린에 키보드 없이 자기가 직접 쓰고 화상 회의가 전화를 쓰는 것처럼 간편해졌습니다.

또 의료 얘기가 나오는데 아들이 유전자 검사를 받았더니 간암 확률이 일반인의 두 배다, 라고 나와서 걱정을 하는 아버지의 모습이 나옵니다. 그래서 간암 예방 의약품이라든지 간암 예방 옷 같은 걸 구비하게 됩니다. 또한 그의 유전자 검사에서는 대장암 발병 확률이 일반인의 두 배로 나왔는데요. 스마트폰에서 "고객님의 대장암을 예방하는 데 도움이 되는 음식점이 전방 500미터에 있는데 예약하시겠습니까"라는 음성 메시지가 나옵니다. 또 과음을 하거나 자신의 DNA와 맞지 않는 활동을 하면 스마트폰에서 경고 메시지가 뜹니다.

저녁 회식은 새롭게 문을 연 시뮬레이션 노래방에서 합니다. 그리고 스크린에 자기 페이스북에 있는 친구들의 모습이 쫙 뜨는데, 그냥 얼굴만 뜨는 게 아니라 그들이 실시간으로 어느 노래방에서 놀고 있다, 이런 게 다 연동이 돼서 뜨지요. 그다음에 밤 늦게 술 한잔 하고 집에 들어가는데 스마트폰이 "고객님의 현재 위치와 시간대를 감안했을 때 강도 및 소매치기와 마주칠 가능성이 높습니다" "주변 2킬로미터 전방에 범죄를 저지를 행동 패턴을 보이는 사람이 한 명 있습니다"라고 메시지를 보냅니다. 개인 보안 시스템을 작동시키면, 보안회사에서 사람을 보내서 집까지 안전하게 데려다줍니다.[17]

자, 지금 우리는 이런 세상에 살고 있나요? 2015년의 예측 중에서 얼마만큼이 실현됐다고 생각하는지는 독자 여러분 개개인의 몫일 겁니다. 어떤 독자는 상당히 많이 맞혔다며 놀라워할 것이고, 어떤 독자는 너무 많이 빗나갔다며 혀를 찰 수도 있을 겁니다. 계속 지적했던 것처럼 미래

17 최윤식·정우석, 『10년 전쟁: 누가 비즈니스 패권을 차지할 것인가』, 알키, 2011, pp. 139~50의 내용을 정리한 것입니다.

예측 자체가 평가를 내리기 굉장히 힘들기 때문입니다. 미래 예측이 매우 확신에 차서 이루어지는 것 같아도, 잘 뜯어보면 다양한 해석의 여지를 많이 가지고 있습니다. 어쩌면 이런 특성 때문에 사람들은 미래에 대한 하나의 예측에서 각자가 원하는 열 가지 다른 희망을 볼 수 있는지도 모릅니다.

다른 예측을 하나 더 볼까요? 2005년에 2020년을 예측한 책이 있었습니다. 여기에는 '김유전 과장'이 등장합니다. 그는 200층 아파트의 191층에 삽니다. 가끔 구름이 자기 집 밑에 걸립니다. 거실과 화장실의 타일에서는 백남준의 비디오아트가 상영됩니다. 종이신문은 자취를 감췄고, 접거나 말아서 들고 다니는 전자신문이 이를 대체했습니다. 출근을 하면서는 로봇에게 청소를 시킵니다. 병원에서는 청진기 대신에 DNA 스캐너를 써서 환자의 DNA 정보를 알아내고, 이를 통해 병을 진단합니다. 휘발유 대신에 수소를 사용하고, 자동차에 전자메일을 체크해달라는 명령을 내립니다. 키보드와 마우스가 사라지고 컴퓨터는 음성으로 작동되기 때문에, 컴퓨터의 크기는 반지나 목걸이만큼 작게 변했습니다. 고속도로에는 막 자율주행 자동차가 선을 보였고, 3년 뒤에 본격적인 서비스를 한다고 합니다. 이것이 2020년의 김유선 과장의 일상입니다.[18] 이것

얼마나 실현되었을까요?

이제 좀 다른 질문을 해보겠습니다. 이런 예측은 어떤 기능을 하는 걸까요? 왜 우리가 접하는 예측은 항상 이런 형태를 띠고 있을까요?

우리의 미래는 어떠해야 하는가

미래를 알고 싶어 하는 사람들은 자신 없어 우물쭈물하는 점쟁이보다 확신에 차서 반말로 호통을 치는 점쟁이를 더 좋아합니다. 사람들이 미래를 알고 싶어 하는 것은 미래의 불확실성을 참지 못하기 때문입니다. 미래가 어떻게 될지 모르는 두려움을 견디기 힘들어한다는 거죠. 그래서 너는 미래에 이렇게 될 것이다, 우리 사회는 이렇게 될 것이다, 하는 확신에 찬 얘기들은 사람들의 이목을 쉽게 끌 수 있으며 그것은 미래에 대한 '통제권,' 즉 권력을 행사하는 것이 될 수 있습니다.

과거에 권력을 가진 지배자들이 점이나 주술, 마술 등

18 이주헌 외 지음, 『2020 미래 한국: 창조적 상상으로 그려내는 미래의 모습』, 한길사, 2005, pp. 16~27.

에 의존한 것도 바로 이 때문입니다. 예전부터 주술사, 점성술사는 항상 지배자의 수족 같은 존재들이었습니다. 요즘의 지배자들은 미래학에 의존합니다. "곧 4차 산업혁명이 온다. 지금 준비하지 않으면 아프리카의 나이지리아처럼 된다." 정치인이나 CEO는 이런 얘기를 국민과 직원들에게 하고 싶은 거죠. 그러려면 이런 얘기를 확신에 차서 해주는 사람들에게 미래에 대한 얘기를 들어야 합니다. "4차 산업혁명이라는 개념은 좀 모호한 데가 있다. 3차 산업혁명과 구분도 잘 안 되고, 부풀려진 데도 많다"는 식으로 얘기하는 사람들 말을 들어서 뭐하겠습니까? 많은 기업이 미래에 대한 시나리오를 가지고 업무를 추진하고 있으며, 이런 미래의 수요자들은 고슴도치 스타일의 확신에 찬 전문가들을 신뢰합니다. 테틀록이 보여주었듯이, 이들의 예측 대부분은 침팬지가 던지는 다트보다 덜 정확하지만요.

우리는 미래 예측을 미래에 대한 담론으로 봅니다. 미래에 대한 담론은 새로운 사회에 대한 약속을 제공하는 것들이 많습니다. 이런 담론은 이를 설파하는 사람들의 역사관, 세계관, 정치적 의도 등을 담고 있고, 이를 공유한 사람들 사이에 일종의 연대와 결속감을 제공합니다. 따라서 미래사회에 대한 예측이란 사과가 떨어졌을 때 1초 뒤의 속도가 얼마인지를 물리학적으로 예측하는 것과는 굉장히 다른 형태의 담론입니다. 일단 미래 예측이 가진 이런 담론적인 성격을 이해하면, 수많은 미래 예측 중에 우리 사회의 현재 문제를 회피하는 대신에 이를 직시하고, 사회의 불평등과 위계를 강화하는 대신에 이것들의 해소를 꾀하는 담론이 어떤 것인가에 주목할 수 있습니다. 물론 미래 예측을 하는 사람들은 자신들의 예측이 과학이라고 강조하지 담론이라고 하지는 않습니다. 그렇지만 미래 예측은 이론과학과도 다르고 실험과학과도 다릅니다. 우리는 SF(과학소설)에서 그려진 흥미로운 미래상을 높게 평가합니다. 이런 미래는 잘 들어맞아서가 아니라, 우리에게 많은 상상을 가능케 하고 현재를 돌아보게끔 만들기 때문입니다. 저는 미래 예측이 SF 같아야 한다고 생각합니다. 과학적 방법론처럼 보이는 방법론을 사용한다고 해도, 미래 예측은 이론과학이나 실험과학이 될 수 없습니다. 그렇다면 이를 흉내 내려고 하는 시도 자체가 별로 의미가 없을지 모른다는 것입니다.

미래에 대한 통찰력 있는 표현 중에 다음과 같은 것이 있습니다.

> "미래를 예측하는 가장 좋은 방법은 그것을 발명하는 invent 것이다." — 앨런 케이

"미래를 예측하는 가장 좋은 방법은 그것을 만드는create 것이다." — 피터 드러커Peter Drucker

둘 중 누가 먼저 이야기했는지는 모르겠지만 서로 비슷한 이야기를 했습니다. 미래를 예측하는 것은 우리가 어떤 비전을 가지고 어떤 식으로 미래를 만들어나가느냐의 문제이며, 중요한 것은 우리가 미래를 구성해내는 힘이라는 입장입니다.

어릴 때 매일의 생활계획표 많이 그려보셨죠? 처음에는 열심히 살겠다며 계획도 열심히 세웠는데, 어느 단계부터는 잘 안 합니다. 아마 계획대로 된 적이 거의 없어서 그럴지 모릅니다. 그런데 중요한 점은 잘 안 되는 것에서도 배울 게 있다는 것입니다. 내가 1시부터 2시까지 숙제를 하기로 결심을 했는데, 친구가 1시 반에 찾아와서 같이 노느라 이를 못 지켰습니다. 그러면 그다음 날 오늘은 꼭 한 시간 공부하는 걸 지켜야지, 하고 단단히 결심합니다. 그런데 결심만 한다고 바뀌는 건 아니에요. 자기가 그렇게 결심을 해도 친구가 또 1시 반에 찾아오면 그때부터 또 놀기 시작하는 거예요.

그러니까 더 현명한 사람은 결심만 하는 데서 그치는 것이 아니라 뭔가, 철학적인 용어로 얘기를 하자면 배치

assemblage를 바꿔야 합니다. 친구가 찾아오지 못하는 방식으로 자기 주변의 배치를 바꾸는 거예요. 그 시간에 나는 집에 있는 경우가 많은데 도서관에 간다거나 딴 데서 공부를 한다거나 그러면 친구가 찾아와도 나를 만날 수 없으니까 내가 자신과의 약속을 지킬 수 있잖아요.

이런 형태의 어떤 피드백이 미래 예측에서 얻을 수 있는 가장 중요한 교훈이 아닌가 생각합니다. 가까운 미래에 대해 생각해보고, 내가 혹은 우리 사회가 생각한 대로 이루어졌는지를 분석해보고, 그게 아니었다면 어떤 힘들이 어떻게 작동을 해서 처음 예측과 다른 결과를 낳았는지를 분석해야 합니다. 만약 처음의 예측이 바람직한 예측이었다면, 좋은 결과를 낳도록 우리 사회의 배치를 바꿀 수 있는 방법은 무엇일지 고민을 해보는 게 미래 예측이 주는 긍정적인 효과가 아닐까요? 객관적으로 미래를 예측해서 어떻게 되리라는 것을 그냥 구경만 하는 게 아니라, 그 예측과 현실, 예측과 결과 사이의 간격에 대해서 고민을 해보고 그 간격을 줄이기 위해서 우리가 해야 할 일들은 무엇인지 생각을 해보는 게 미래 예측이 주는 가장 긍정적인 효과가 아닌가 생각을 해봅니다.

경영학에는 '우회의 법칙'이라는 게 있습니다. 인생이나 사회와 같은 '복잡계'에서는 장기적인 목표를 세웠을 때, 이 목표를 계획대로 달성하기가 매우 힘들다는 것입니다. 왜냐하면 그 과정 중간중간에 내가 예상치 못했고 통제할 수 없는 일들이 수없이 생기기 때문입니다. 사업을 시작한 사람이 '나는 돈을 많이 벌어야겠다'를 목표로 세우면, 그다지 성공하지 못할 확률이 높습니다. 그보다는 자신이 하는 일이 좋아서 성실하게 열심히 하다 보면 어느새 돈이 벌려 있는 경우가 더 많습니다. '행복하겠다'는 목표를 달성하기 위해서 행복을 추구하는 사람이 행복한 경우가 드문 것도 비슷합니다. 행복은 자신을 실현하고 주변 친구나 가족과 건강한 관계를 맺으면서 사는 과정에서 얻어지는 것이지, 그 자체가 목표가 될 수 없습니다. 어느 젊은이가 '아름다운 부인을 얻겠다'는 목표만을 가지고 삶을 산다면, 그는 아름다운 여성들이 매력 없어 하는 사람이 될 공산이 큽니다. 미래의 목표는 그것을 추구해서가 아니라, 현재를 즐겁고 열심히 살면서 그 부산물로 얻어지는 경우가 많다는 것입니다.[19]

미래 예측은 현재부터 미래까지의 길을 기술해주는 과학이 아닙니다. 이런 과학은, 현대과학이 아무리 발전하고 컴퓨터의 용량이 커져도 불가능합니다. 영화 「마이너

19 John Kay, *Obliquity: Why Our Goals Are Best Achieved Indirectly*, Penguin, 2012.

리티 리포트Minority Report」(2002)에 나오듯이 미래의 범죄를 예측해서 미리 방지하는 식의 예측은 불가능하다는 얘기입니다. 어떤 예측이 과학, 확실성, 객관성 등을 표방하고 이루어지면, 우리는 그런 예측이 보여주는 것만이 아니라 무엇을 감추는지도 봐야 합니다. 많은 예측들은 현재의 문제를 감춥니다. 미래의 유토피아, 혹은 정반대로 미래 인류 문명의 절멸 같은 것을 상상하다 보면, 지금 우리가 안고 있는 여러 문제들은 가볍게 치부됩니다. 우리는 박정희 대통령 시기에 "1980년에 1천 불 국민소득, 100억 불 수출, 선진국 진입"이라는 목표를 달성하기 위해 정말 열심히 일을 했습니다. 일만 한 것이 아니라, 박정희라는 1인 영구집권 독재체제를 지지하고 용인하고 묵인했습니다. 차근차근 해결해야 할 문제들이 "잘 살아보세"라는 미래의 구호 속에서 얼버무려지고 미뤄졌습니다. 그 고속성장의 결과가 바로 경제 규모는 커졌지만, 어딘지 모르게 내실이 부족한 채로 풍선처럼 부풀려진 우리 사회입니다.

지금도 우리는 해결해야 할 문제들을 무척 많이 안고 있습니다. 그런데 이런 문제들은 로봇과 인공지능이 낳는 '4차 산업혁명'의 미래 전망 속에서 희미해집니다. 인공지능이 일자리의 절반을 소멸시킬 수 있는 미래사회에 대한 시나리오 속에, 현재 한국에서 기형적으로 커진 재벌의 불공정 관행 같은 문제에 대한 성찰이나 문제의식은 찾아보기 힘듭니다. 로봇이 일을 대신해주는 미래사회의 시나리오 속에 OECD 국가들 중에서도 상당히 심각한 수준인 우리 사회의 불평등은 보이지 않습니다. 세상의 미래를 알고 싶은 사람들, 미래 예측에 돈을 지불하는 사람들은 어느 사회에서나, 어느 시대에서나 지배층이었고, 지금도 그렇습니다. 세상에서 가장 돈 많고 힘 있는 사람들이 모여 범세계적 경제 문제를 논의하는 '다보스 포럼'은 확신에 찬 미래 예측으로 넘쳐납니다. 테틀록이 얘기한 고슴도치들의 경연장입니다.

그렇지만 우리에게 의미 있는 미래 예측은 과학보다는 SF에, 사회과학보다는 인문학에 가깝다고 생각합니다. SF나 인문학은 과학과는 다른 방식으로 세상에 대해 이야기합니다. 우리는 우리가 지나온 과거에 대해서 잘 알아야 하고, 복잡한 세상을 상상력을 사용해서 관통해야 하며, 여러 가능성과 제약에 대해서 비판적이고 성찰적으로 생각할 수 있어야 합니다. 테틀록이 그랬듯 여우 스타일의 미래 예측을 해야 한다는 것입니다. 무엇보다 미래 예측은 실천 지향적이어야 하며, 그 어느 학문보다도 현재 지향적이어야 합니다. 이것이 '인간의 얼굴을 한 미래학'입니다. 이런 미래 예측은 돈 있고 힘 있는 사람들 편이 아니라 지금 이 시대를 힘들게 살아가는 사람들의 미래를 위한 것일 수 있습니다. 인간의 얼굴을 한 미래 예측은 CEO를 위한 것이 아니라, 문제투성이 현재와 불편한 미래를 포용하면서도 희망을 키우고 연대를 만들어내는 시민들의 실천을 위한 미래 시나리오 작업을 의미합니다. 미래에 대한 이런 상상은 우리의 과거와 현재를 이어주면서, 현재 삶과 노력에 의미를 더해줍니다.

우리는 미래 예측에 홀리는 대신에 바람직한 미래사회에 대한 얘기를 더 많이 나눠야 합니다. 이런 얘기는 우리가 걸어온 역사에 대한 고민과 성찰에 근거해야 하고, 우리가 어떤 미래를 원하는가에 대한 시민사회의 토론과 합의를 반영해야 합니다. 결국 미래는 우리가 만들어나가는 것이지, 과학기술이 열어주거나 미래학이 예측하는 것이 아니기 때문입니다.

이미지 출처

그림 1-1 "Undersea Cities," Cover of *if magazine*, January 1954. (https://paleofuture.gizmodo.com/undersea-cities-1954-512631251).

그림 1-2 The February 9, 1959 edition of Arthur Radebaugh's Sunday comic, *Closer Than We Think*. (https://paleofuture.gizmodo.com/my-favorite-comic-strip-and-futurist-of-all-time-is-g-1783548140).

그림 1-3 "Future New York, The City of Skyscrapers," 1925. Postcard published by Moses King, New York. (http://paleofuture.gizmodo.com/future-new-york-the-city-of-skyscrapers-1925-512626244).

그림 1-4 The May 5, 1958 edition of Arthur Radebaugh's Sunday comic, *Closer Than We Think*. (https://paleofuture.gizmodo.com/where-did-the-term-desktop-computer-come-from-1819797955).

그림 1-5 *Illustrated London News*, 22 November 1919.

그림 2-1 Map from the 1516 edition of *Utopia* by Thomas more, 1516. (https://commons.wikimedia.org/wiki/File:Insel_Utopia.png).

그림 2-2 Illustration from *The New Atlantis* by Sir Francis Bacon, 1626 (https://collegegirlsutopianbelief.wordpress.com/tag/the-new-atlantis/).

그림 2-3 *Across the Continent: Westward the Course of Empire Takes Its Way*, drawing by F. F. Palmer, published by Currier & Ives, 1868.

그림 2-4 Map of the 1858 Atlantic Cable Route from *Frank Leslie's Illustrated Newspaper*, 21 August 1858. (http://atlantic-cable.com/Maps/index.htm).

그림 2-5 Paris Exposition Palace of Electricity, Paris, France, 1900. (https://io9.gizmodo.com/how-the-paris-worlds-fair-brought-art-nouveau-to-the-w-1462151212).

그림 2-6 © 동아일보

그림 2-7 © 전치형

그림 2-8 "Twitter Riots," Posted on *Political Graffiti*, 9 June 2009. © David Donar

그림 3-1 Claude Monet, *Interior, after Dinner*, 1868.

그림 3-2 Norman Rockwell, *And the Symbol of Welcome Is Light*, 1920.

그림 3-3 Lee De Forest with Audion tubes, 1922. (https://commons.wikimedia.org/wiki/File:Lee_De_Forest_with_Audion_tubes.jpg).

그림 3-4 Alexander Graham Bell's Telephone Patent Drawing and Oath, 7 March 1876. National Archives Id.: 302052(https://catalog.archives.gov/id/302052).

그림 3-5 Image 8, 21, 22 of Notebook by Alexander Graham Bell, from 1875~1876(https://www.loc.gov/item/magbell.25300201/).

그림 4-1 *World's Fair, Chicago. A Century of Progress, 1833~1933*, drawing by Glen Sheffer. Library of Congress Prints and Photographs Division Washington, D.C., Reproduction Number: LC-DIG-ds-11168.

그림 4-2 André Cros(commons.wikimedia.org).

그림 4-3 Henry Ford with Model T, Hotel Iroquois, Buffalo NY 1921.

(https://commons.wikimedia.org/wiki/File:Ford_1921.jpg).

그림 4-4 A circa-1978 Advertisement for the Sony Betamax Video Cassette Player. Nesster(flicker.com).

그림 5-1 © The Economist

그림 5-2 © Rolling Stone

그림 5-3 © 김영사

그림 5-4 © 김영사

그림 5-5 © 김영사

그림 6-1 © 김영사

그림 6-2 Dan(commons.wikimedia.org)

그림 7-1 © Koryo Tours

그림 7-2 © 일본 인공지능학회

그림 7-3 © 일본 인공지능학회

그림 8-1 "Just a normal day at the nation's most important financial institution...," in *Baltimore Sun*, 1989. Association of American Editorial Cartoonists Records, The Ohio State University Billy Ireland Cartoon Library & Museum. © Kevin (Kal) Kallaugher

그림 8-2 Dan Scavino Jr.(commons.wikimedia.org).

그림 8-3 Electoral College Map for the 2012 United States Presidential Election(source: nytimes.com; commons.wikimedia.org).